Jutta Brückmann · Elisabeth Arndt · Dorothea Freitag · Michael Gerhards
Kunststoffe im Unterricht

Brückmann · Arndt · Freitag · Gerhards

Kunststoffe im Unterricht

auf der Grundlage von einfachen Schülerexperimenten

Aulis Verlag Deubner

Herausgeberische Betreuung:
Prof. Dr. Heinz Schmidkunz

Unterrichtshilfen
Naturwissenschaften

Bibliografische Information Der Deutschen Bibliothek
Die Deutsche Bibliothek verzeichnet diese Publikation in der Deutschen Nationalbibliografie; detaillierte bibliografische Daten sind im Internet über <http://dnb.ddb.de> abrufbar.

Best.-Nr. 4232

Umschlaggestaltung: *Sybille Hübener*
Titelfoto: *Michael Gerhards*
Printed in the European Community
ISBN 978-3-7614-2756-9

Inhaltsverzeichnis

Vorwort

Ein Team im KÖLNER MODELL unter Leitung von Frau Dr. *J. Brückmann* hat sich zum Ziel gesetzt, das Thema „Kunststoffe" für den Unterricht experimentell optimal zugänglich zu gestalten. Die Gründe dafür liegen zwar auf der Hand, werden aber eingehend im ersten Abschnitt des Buches erläutert. Diesem Vorhaben war durch solide Fachkenntnisse, breite Unterrichtserfahrungen und Fleiß der Autoren ein großer Erfolg beschieden. Es handelt sich in dem nun vorliegenden Buch um eine Sammlung von erprobten Experimenten zu Kunststoffen, die ihresgleichen auf dem deutschen Markt sucht. Diese Feststellung gilt mit großer Wahrscheinlichkeit auch für den internationalen Bereich.

Kunststoffe sind Werkstoffe, mit denen jeder Mensch täglich in Verbindung kommt. Chemisch gesehen sind Kunststoffe Makromoleküle, die aus einfachen monomeren Bausteinen aufgebaut sind. Es liegt nun nahe, die Prinzipien der Makromolekülbildung im Unterricht schnell nachvollziehen zu können, wobei problematische Stoffe, wie z. B. Formaldehyd (Methanal), ausgeschlossen und grundsätzlich nur solche Materialien eingesetzt werden, die nach der Gefahrstoffverordnung für Schülerversuche ab Sekundarstufe I zugelassen sind. In der hier vorliegenden Zusammenstellung findet man eine Fülle von schnell ablaufenden, einfachen Reaktionen, von denen die meisten bereits im Reagenzglas vorgenommen werden können und als Schülerexperimente hervorragend geeignet sind.

Mit den in diesem Buch zusammengestellten Versuchen werden alle Kompetenzbereiche abgedeckt, wie sie neuerdings in den Bildungsstandards gefordert werden. Je nach gewählter Zielsetzung können der Ablauf von Reaktionen bei der Bildung der Makromoleküle, die Betrachtung von Struktur-Eigenschaftsbeziehungen (z. B. bei der Unterscheidung von Thermoplasten und Duroplasten) und bei der Erkenntnisgewinnung (Herstellung von Kunststoffen) als Schwerpunkt gewählt werden. Eingeschlossen darin sind auch energetische Betrachtungen, denn die Bildung von Makromolekülen verläuft exotherm. Schülerexperimente werden häufig in Partnerarbeit oder in Gruppenarbeit vorgenommen, die zweifellos beim Erreichen und Zusammentragen der Ergebnisse auch einen Beitrag zur Kommunikation leistet. Schließlich kann auch die Bewertung der Vorgänge bei der Kunststoffentstehung und den Eigenschaften der Kunststoffe, sowie der Vergleich der einzelnen Kunststoffe mit den natürlichen Makromolekülen interessante Aspekte aufwerfen.

Eine auffallende Eigenschaft dieser Experimente ist die Schnelligkeit, mit der sie mit leicht zugänglichen Substanzen ablaufen. Dieser Sachverhalt ermöglicht einen flexiblen Einsatz im Unterricht, wobei sich eine Breite von methodischen Möglichkeiten anbietet. Ob forschender Unterricht, ob Arbeit an Stationen oder ob eine offene Unterrichtsform gewählt wird, ein passender Einsatz von Schülerexperimenten zum Thema „Kunststoffe“ wird gewährleistet.

Das vorliegende Buch müsste von den Lehrkräften, die im Fach Chemie unterrichten, mit Begeisterung aufgenommen werden, weil es eine fühlbare Erleichterung bringt, sich mit dem makromolekularen Bereich im Unterricht zu befassen.

Die meisten Versuche sind für den Chemieunterricht ab Sekundarstufe I geeignet: Die jedem Versuch beigegebene, ausführliche fachliche Erklärung gestattet zum einen eine didaktisch reduzierte Deutung, entsprechend dem Kenntnisstand in der Mittelstufe; zum anderen rechtfertigt der Anteil an anspruchsvoller theoretischer Begründung den gewinnbringenden Einsatz der Experimente in der Oberstufe, der Berufsschule und der Fachschule.

Angesprochen werden mit dem Buch alle Lehrkräfte, die Chemie unterrichten, aber auch interessierte und erfahrene Schülerinnen und Schüler.

Heinz Schmidkunz
Im Sommer 2008

1. Begründung zum Unterrichtsinhalt Kunststoffe

Kunststoffe sind aus unserem Alltag kaum mehr wegzudenken, denn sie bestimmen unser tägliches Leben so allgegenwärtig und vielfältig „von der Wiege bis zur Bahre“ wie keine andere Stoffgruppe:
Sei es als Nässeabsorber in den Windeln, als Spielzeug, als Bekleidung und Schuhwerk, im Wohnbereich als Anstrichfarbe, Bodenbelag, Möbelbeschichtung, Teppich, Gardine, Bezugsstoff, Tischdecke, Geschirr; in Haushaltsgeräten (Eisschrank, Gefriergerät, Staubsauger, Wasch-, Kaffee- oder Küchenmaschine, Mixer), als Getränkeflasche, Behältnis für Reinigungsmittel, als Pfannenbeschichtung, als Badewanne, Toilettendeckel, Zahnbürste oder Kamm, als Tube und Fläschchen für Kosmetika, für Bürobedarf (PC, Diskette und CD eingeschlossen), als Gartenmöbel, Rasenmäher und witterungsbeständiges Pflanzgefäß, in Form von Schaumstoff als Matratze, zur Isolierung von Wärme, Schall und Stoß, sowie als Lockerungsmittel für den Boden; im Freizeitbereich als Sportgerät (Ski und Rodel, Surfbrett, Segelschiff, Kletterseil, Fallschirm und Drachenflieger, Ausrüstung für Tennis, Fuß-, Hand- und Basketball), am Fahrrad, im Auto- und Motorradbau als Karosserie oder Zubehör (Schutzhelm), im medizinischen Bereich vom OP-Faden bis zum künstlichen Herzen, in allen Bereichen der Technik und des Bauwesens.
Die aufgezählten Verwendungen für Kunststoffe stellen nur einen Teil der Einsatzmöglichkeiten dieser Materialien dar. Hier wurden vorzugsweise jene Anwendungen ausgewählt, die den Schülerinnen und Schülern bekannt und damit für sie von Interesse sein dürften.
Aus dieser Zusammenstellung geht hervor, dass das Thema Kunststoffe heute zum unverzichtbaren Inhalt eines modernen Chemieunterrichts geworden ist.
Zudem zeichnen sich synthetische Makromoleküle, zumindest was die Theorie betrifft, durch eine einfache Chemie aus. Dadurch bekommen Schülerinnen und Schüler eine gute Chance, Verständnis für chemische Reaktionen zu entwickeln und zu vertiefen.
Hinzu kommt, dass die Herstellungsverfahren von synthetischen Makromolekülen eine umfassende Wiederholung von bereits Erlerntem gestatten und einen Unterrichtsgegenstand bilden, an dem sich Analyse, Synthese, Struktur-Eigenschafts-Beziehungen, Recycling und Umweltprobleme am gleichen Stoff/an der gleichen Stoffgruppe zeigen lassen.
Die formelle Bestätigung seiner Bedeutung erfährt der Unterrichtsinhalt Kunststoffe durch die Richtlinien (1999), die für die Sekundarstufe II in

Gesamtschule und Gymnasium in der Jahrgangsstufe 12 eine fakultative, in Jahrgangsstufe 13 eine obligatorische Behandlung dieses Gebietes in Nordrhein-Westfalen festschreiben.
Die Bildungsstandards der Kultusministerkonferenz, die der bundesweiten Vereinheitlichung der Bildungsansprüche dienen sollen, lassen sich durch den Unterrichtsinhalt Kunststoffe vollkommen erfüllen.

2. Einführung in das vorliegende Unterrichtswerk zu Kunststoffen

2.1 Hauptziel des vorliegenden Unterrichtswerkes

Aufgabe dieser Unterrichtshilfe kann es nicht sein, als lückenlose Informationsquelle auf dem Kunststoffgebiet zu dienen; diese Funktion bleibt der Fachliteratur vorbehalten.

Unser Ziel ist es viel mehr, Lehrende und Lernende mit dieser wichtigen Stoffgruppe ihres Alltags auf der Basis einfacher Experimente vertraut zu machen. Damit soll ihnen zu einem partiellen, fachwissenschaftlich fundierten Einblick in die facettenreiche Welt der Kunststoffe verholfen werden. Dabei liegt der Schwerpunkt auf jenen Makromolekülen, zu denen Schülerinnen und Schüler über unser Skript experimentellen Zugang erhalten.

Gleichzeitig stellt das Unterrichtswerk eine solide Grundlage dar, um das Gebiet der Polymeren umfassend kennen zu lernen, denn es werden auch wichtige Kunststoffe beschrieben und schematisch eingeordnet, die unseren Kriterien im Hinblick auf die Schülerexperimente nicht genügen (z. B. Polyvinylchlorid, Polyurethane).

Der Gesamtaufbau folgt dem fachlichen Aspekt:

Den Ausgangspunkt bildet die Synthese von Kunststoffen. Nach der Polymerisation wird die Polykondensation untersucht. Modellexperimente zu unterschiedlichen Anwendungen, die den deutlichen Zusammenhang zwischen Struktur und Eigenschaften von Kunststoffen zeigen, bilden die nächste Versuchsgruppe.

Auch abgewandelte Naturstoffe zählen definitionsgemäß zu den Kunststoffen; ihnen wird die herkömmliche Bezeichnung „Makromoleküle“ häufig gerechter (vgl. Abschnitt 2.2). Da auch sie einen wesentlichen Anteil unserer stofflichen Lebenswelt ausmachen, wurden sie in unser Konzept einbezogen. Einige natürliche Makromoleküle werden modifiziert und die entstehenden Produkte (Fasern, Folien, Kleber) mit synthetisch hergestellten Erzeugnissen verglichen.

Mit Vorbereitung und Durchführung des Recyclings von Makromolekülen befassen sich weitere zehn Experimente.

Zum Abschluss werden Vorschläge zur Identifikation unbekannter Kunststoffproben mittels sehr einfacher, qualitativer Methoden gemacht.

Bewusst verzichtet haben wir auf das Anbieten ausgearbeiteter Unterrichtsreihen, da sie naturgemäß nur den Vorstellungen einer definierten Zielgruppe entsprechen können. Unsere Absicht war es viel mehr, den Lehrenden

geeignetes Material zur Verfügung zu stellen, um eigenständig solche Sequenzen für jede Lerngruppe „maßgeschneidert" entwerfen zu können. Dadurch soll es der Lehrkraft selbst überlassen bleiben, welche „Kompetenzen" der Bildungsstandards im Fach Chemie für den Mittleren Bildungsabschluss (Fachwissen, Erkenntnisgewinnung, Kommunikation, Bewertung) durch einen bestimmten Versuch angestrebt werden. Durch die Vielfalt der angebotenen Experimente und den wählbaren Schwierigkeitsgrad der fachlich zugehörigen Erklärung erscheint uns dies durchaus möglich und auch reizvoll zu sein.
Als besonders geeignet für den Einsatz in der Sekundarstufe I empfiehlt sich dieses Unterrichtswerk auf Grund vieler einfacher Versuche und der Bandbreite der Erklärungsmöglichkeiten. Letztere sind für jeden Versuch mit Hilfe der angegebenen Formeln und Reaktionsgleichungen, des Textes und der besonderen Hinweise von der einfachsten Form für die Klassenstufe 7 bis zu den Anforderungen im Abitur variierbar.
In der Oberstufe werden einfache Experimente, die rasch zum Ergebnis führen, erfahrungsgemäß ebenfalls sehr geschätzt. Die Möglichkeit der fachlich adäquaten, anspruchsvollen Auswertung, Vorschläge für Test- und Klausuraufgaben mit und ohne Schülerversuch, befürworten den Einsatz dieses Buches im Unterricht der Oberstufe und entsprechender Fachschulen.

2.2 Warum „Experimente zu Makromolekülen", aber „Kunststoffe im Unterricht"?

Die häufige Anwendung der Bezeichnung „Makromolekül" anstelle des – vielleicht erwarteten – Begriffs „Kunststoff" hat folgende Ursachen:
Der Begriff „Makromoleküle" umfasst natürliche Makromoleküle (z. B. Proteine, Cellulose, Stärke) *und* synthetisch hergestellte Makromoleküle, die Kunststoffe.
Definitionsgemäß (nach DIN) zählen z. B. die OP-Fäden aus Polymilchsäure oder der durch Synthese gewonnene Polyester aus den Naturprodukten D-Sorbit und Citronensäure zu den Kunststoffen, da es sich hierbei um „abgewandelte" Naturstoffe handelt. Es erschien uns zudem wichtig, möglichst viele, „garantiert" gesundheitlich unbedenkliche Stoffe[1], die natürlichen Makromoleküle, in die Vorschriften für Schülerversuche aufzunehmen. Gleichzeitig wollten wir demonstrieren, dass natürliche und synthetisch hergestell-

[1] Um dieser Anforderung zu genügen, haben wir keine Versuche z. B. zur Polyaddition und zu Silikonen in unser Skript aufgenommen; Polyvinylchlorid wird nur unter solchen Bedingungen eingesetzt, unter denen weder Chlor noch chlorhaltige Verbindungen frei werden können.

te Makromoleküle zwar gleiche Anwendung finden können, etwa als Fasern oder Kleber, die aber naturgemäß sehr unterschiedliche Eigenschaften aufweisen.
Auch einige Experimente mit Stärke, Gelatine, Casein und Chitosan sind vertreten, teils abgewandelt, teils naturbelassen. Als gemeinsamer Oberbegriff wird diesen Stoffen nur die Bezeichnung „Makromolekül“ gerecht.
Dennoch haben wir für den Titel des Unterrichtswerkes den Begriff „Kunststoffe“ gewählt, da die Anzahl der Versuche mit synthetisch hergestellten Makromolekülen und abgewandelten, natürlichen Makromolekülen, den Kunststoffen, den ganz überwiegenden Anteil der Experimente ausmacht.

3. Einige unterrichtsrelevante Informationen zu Kunststoffen

Hinweis: Um den Bezug zum Experimentalteil dieses Unterrichtswerkes zu konkretisieren, ist nach der allgemeinen Information jeweils der Code desjenigen Versuches in Klammern oder als Fußnote angegeben (vgl. Abschnitt 4.6), der diese Information besonders verdeutlicht.

3.1 Begriffsbestimmung (nach DIN)

Kunststoffe sind

- in ihren wesentlichen Bestandteilen organischer Natur
- aus Makromolekülen aufgebaut
  Makromoleküle enthalten mindestens mehrere hundert Grundbausteine, die durch Hauptvalenzen (kovalente Bindungen) miteinander verknüpft sind
- durch Synthese oder durch Abwandlung von Naturprodukten entstanden.

3.2 Zusammenstellung der hier vorkommenden Kunststoffe:

Abgewandelte Naturstoffe	**Synthetisch hergestellte Kunststoffe**			
	Polymerisate	Polykondensate		Polyaddukte[1]
	Thermoplaste	*Duroplaste*	*Thermoplaste*	
Duroplaste Casein-Kunststoffe *Thermoplaste* Celluloseacetat	Polyethylen Polypropylen Polystyrol Polymethyl-methacrylat Polyvinylacetat Polyvinylalkohol Polyvinylchlorid[1] Polyformaldehyd[1]	Resorcinharze ungesättigte Polyesterharze Alkydharze Silikone[1]	Polyamide Polyester	Polyurethane Epoxidharze

[1] Zu Silikonen und Polyaddukten werden im Skript „Experimente zu Makromolekülen" keine Versuche angegeben; wegen ihrer wirtschaftlichen Bedeutung werden sie hier jedoch einbezogen: Versuchsbeschreibungen zu Polyvinylchlorid ([1], S. 138; S. 140), zu Polyaddukten ([1], S. 134 – 135), Vorschlag je einer Übungsaufgabe zu Silikonen und Polyformaldehyd unter „Klausuraufgaben ohne Schülerexperiment" (vgl. 5.2.2).

3.3 Einteilung der synthetisch hergestellten Kunststoffe

3.3.1 Polymerisate

Polymerisate (polys: *griech.* = viel; meros: *griech.* = Teil) entstehen durch Polymerisation von vielen, (meist) gleichartigen Molekülen miteinander. Die Moleküle (Monomere) müssen mindestens eine C=C-Doppelbindung als funktionelle Gruppe enthalten (Ausnahme Methanal). Bei der Polymerisation werden Doppelbindungen der Monomeren aufgespalten und unter Bildung von Einfachbindungen zu Makromolekülen verknüpft. Die Produkte sind Thermoplaste; sie bestehen aus zahlreichen, linearen (fadenförmigen) Makromolekülen. Rechnerisch bleibt bei der Polymerisation die Summenformel erhalten: Es entstehen keine Nebenprodukte.
Schematisch bilden sich aus *einer* C=C-Doppelbindung *zwei* C−C-Einfachbindungen.

Rechnung zur Energiebilanz ([3] S. 87):

Aufzuwendende Energie zur Spaltung einer	C=C	$+ 612\ kJ \cdot mol^{-1}$
Freiwerdende Energie bei Bildung zweier	C−C	$- 696\ kJ \cdot mol^{-1}$
(Mittlere) Polymerisationsenthalpie		$- 84\ kJ \cdot mol^{-1}$

Polymerisationen verlaufen daher schwach exotherm.
Polymerisationen sind Gleichgewichtsreaktionen (vgl. Versuch RE 6).

Allgemeines Schema der Polymerisation:

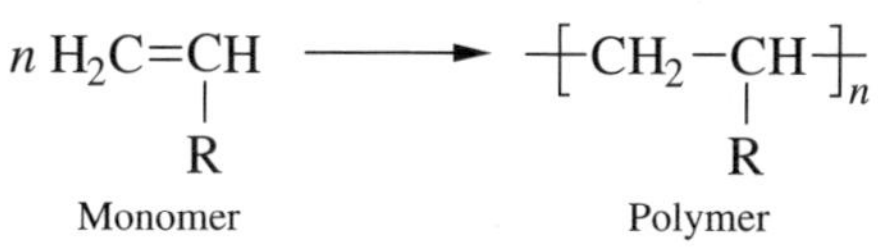

n = Anzahl der Moleküle des Monomeren
$H_2C{=}CH-$ = Vinyl-Gruppe

Für	Polymer aus
R = H	Äthylen, Ethen
R = CH_3	Propylen, Propen
R = C_6H_5	Styrol, Vinylbenzol
R = Cl	Vinylchlorid, Monochlorethen
R = C≡N	Acrylnitril, Propensäurenitril
R = $CH{=}CH_2$	Butadien, 1,3-Butadien
R = $C(CH_3){=}CH_2$	Isopren, 2-Methyl-1,3-butadien

Um eine Polymerisation auszulösen, müssen C=C-Doppelbindungen[1] des Monomeren angegriffen werden. Diese Initiation kann beispielsweise hervorgerufen werden durch Wärme, Licht, Radikale[2], Kationen[3] oder Anionen[4] ([2] S. 3473 – 3475).
Dieser auslösende Schritt bestimmt den weiteren Ablauf einer Polymerisation, der über einen radikalischen oder ionischen Mechanismus erfolgen kann.
Im großtechnischen Maßstab wird überwiegend radikalisch polymerisiert.

Starter für die radikalische Polymerisation:
Beispiel: Organisches Peroxid, das sich durch Energieaufnahme leicht homolytisch in zwei Radikale spalten lässt nach
$R{-}O{-}O{-}R \rightarrow 2\,R{-}O\cdot$ (vgl. Versuch PM 1) oder
Beispiel: Anorganisches Peroxid, das sich durch Aufnahme eines Elektrons (Redoxreaktion) heterolytisch spalten lässt in ein Radikal und ein Anion nach
$R{-}O{-}O{-}R + e^- \rightarrow \underset{\text{Radikal}}{R{-}O\cdot} + \underset{\text{Anion}}{R{-}O^-}$ (vgl. Versuch PM 2)

Starter ionischer Polymerisationen greifen an einem negativ oder positiv polarisierten Atom des Monomeren an.

– Starter einer kationischen Polymerisation:
Beispiel: Ein Proton, erzeugt aus einer Lewis-Base und Spuren von Wasser nach
$FeCl_3 + H{-}OH \rightarrow H^+ + [FeCl_3(OH)]^-$ (vgl. Versuch PM 3)
$BF_3 + H{-}OH \rightarrow H^+ + [BF_3(OH)]^-$ (vgl. PM von Formaldehyd unter 5.5.2)

– Starter einer anionischen Polymerisation:
Beispiel: Eine aus dem Monomer erzeugte Lewis-Base (vgl. Versuch PM 4)
Die Polymerisation gleichartiger Moleküle führt zu Homopolymerisaten, diejenige verschiedenartiger Moleküle zu Mischpolymerisaten (Copolymerisaten).

---

[1] Ausnahme: Methanal ($CH_2{=}O$) polymerisiert über die C=O-Doppelbindung zu Polyformaldehyd (DELRIN®)

[2] Zum radikalischen Mechanismus vgl. „Experimente zu Makromolekülen“, Versuch PM 1 und PM 2

[3] Zum kationischen Mechanismus vgl. „Experimente zu Makromolekülen“, Versuch PM 3

[4] Zum anionischen Mechanismus vgl. „Experimente zu Makromolekülen“, Versuch PM 4

3.3.2 Polykondensate

Polykondensate entstehen durch Polykondensation vieler, mindestens bifunktioneller, Moleküle miteinander unter Bildung von Makromolekülen. Dabei werden einfache Verbindungen (z. B. H_2O, HCl) abgespalten ([2] S. 3465).
Bifunktionelle Verbindungen liefern viele Fadenmoleküle (Thermoplaste[1]; Gleichgewichtsreaktion), höherfunktionelle ein einziges Raumnetzmolekül (Duroplaste[2]; Reaktion nicht umkehrbar).
Polykondensationen verlaufen exotherm (vgl. Versuch PK 2).
Zu den bekanntesten Polykondensaten zählen heute die Polyester (vgl. Versuch PK 3 – PK 5, Versuch PK 7 – PK 9) und die Polyamide (vgl. Versuch PK 1).

Allgemeines Schema der Polyesterbildung:

$$\underset{\text{Diol}}{n\,HO{-}R_1{-}OH} + \underset{\text{Dicarbonsäure}}{HOOC{-}R_2{-}COOH} \longrightarrow \underset{\text{Polyester}}{H{+}O{-}R_1{-}O{-}CO{-}R_2{-}CO{+}_n OH} + \underset{\text{Wasser}}{2n{-}1\ H_2O}$$

Allgemeines Schema der Polyamidbildung:

$$\underset{\text{Diamin}}{n\,H_2N{-}R_1{-}NH_2} + \underset{\text{Dicarbonsäure}}{HOOC{-}R_2{-}COOH} \longrightarrow \underset{\text{Polyamid}}{H{+}HN{-}R_1{-}NH{-}CO{-}R_2{-}CO{+}_n OH} + \underset{\text{Wasser}}{2n{-}1\ H_2O}$$

R_1, R_2 = 2-wertige Kohlenwasserstoffreste

3.3.3 Polyaddukte

Polyaddukte entstehen durch Polyaddition bi- oder polyfunktioneller, niedermolekularer Verbindungen an Substanzen mit reaktionsfähigen Wasserstoffatomen. Dabei werden reaktive Wasserstoffatome verschoben. Es bilden sich keine Nebenprodukte ([1] S. 64 – 68).

---

[1] Zu thermoplastischen Polykondensaten vgl. „Experimente zu Makromolekülen", Versuch PK 1 und PK 4

[2] Zu duroplastischen Polykondensaten vgl. „Experimente zu Makromolekülen", Versuch PK 2, PK 3, PK 5 – PK 9. Auch Phenoplaste und Aminoplaste gehören u. a. wegen ihrer Hitze- und Chemikalienresistenz, sowie aufgrund ihres elektrischen Isoliervermögens, zu den häufig verwendeten Duroplasten. Phenoplaste werden aus Phenol oder Phenolderivaten und Formaldehyd hergestellt, Aminoplaste aus Harnstoff oder Melamin und Formaldehyd (vgl. dazu Versuch PK 2).

Als „klassisches“Beispiel gilt die Herstellung verschiedener Polyurethane aus Diol und Diisocyanat nach

$$n\ \underset{\text{Diisocyanat}}{O{=}C{=}N{-}R_2{-}N{=}C{=}O} + n{+}1\ \underset{\text{Dialkohol}}{HO{-}R_1{-}OH}$$

$$\longrightarrow \underset{\text{Polyurethan}}{H{\left[O{-}R_1{-}O{-}CO{-}HN{-}R_2{-}NH{-}CO\right]}_n O{-}R_1{-}OH}$$

R_1, R_2 = 2-wertige Kohlenwasserstoffreste

Setzt man dem Reaktionsgemisch aus Dialkohol und Diisocyanat etwas Wasser zu, führt dies zur (erwünschten) Bildung von Kohlenstoffdioxid und damit zu PU-Schaumstoffen:

$$\underset{\text{Dialkohol}}{HO{-}R_1{-}OH} + \underset{\text{Diisocyanat}}{O{=}C{=}N{-}R_2{-}N{=}C{=}O} + \underset{\text{Wasser}}{HOH}$$

$$+ \underset{\text{Diisocyanat}}{O{=}C{=}N{-}R_2{-}N{=}C{=}O} + \underset{\text{Dialkohol}}{HO{-}R_1{-}OH} \longrightarrow$$

$$\underset{\text{Polyurethanschaumstoff}}{H{-}O{-}R_1{-}O{-}CO{-}HN{-}R_2{-}NH{-}CO{-}HN{-}R_2{-}NH{-}CO{-}O{-}R_1{-}OH} + \underset{\text{Kohlenstoffdioxid}}{CO_2}$$

Die Isocyanat-Addition wurde 1935 von *O. Bayer* erforscht. Polyurethane ([2] S. 3512 – 3514) enthalten die Amidbindung (···−NH−CO−R−···). Ursprünglich waren sie als Konkurrenzprodukte zum in den USA entwickelten Polyamid Nylon® entwickelt worden, gewannen aber in einem ganz anderen Bereich, nämlich als Schaumstoffe, steigende Bedeutung (Isolationen im Bau (brennbar!), Matratzen, Polstermöbel, „Fitting“ von (Sport-) Schuhen, für Schwämme (PU-Schaum kann – im Gegensatz zum Polystyrol-Schaum Styropor® – auch offenporig und damit aufnahmefähig für Flüssigkeiten erzeugt werden). In fester Form finden Polyurethane u. a. als modische Lacküberzüge für Kleidung, Schuhe und Damenhandtaschen Verwendung.

3.4 Einteilung der Kunststoffe nach dem Struktur-Eigenschafts-Prinzip

Lineare, unvernetzte Makromoleküle zeigen thermoplastisches Verhalten. Für sie gilt: Erweichungstemperatur < Zersetzungstemperatur.
Thermoplaste haben keinen scharfen Schmelzpunkt, da immer Gemische von Makromolekülen unterschiedlicher Kettenlänge entstehen; der Schmelzvorgang ist reversibel. Thermoplaste (Name!) sind durch Wärme plastisch verformbar.

Stark vernetzte Makromoleküle (Raumnetzmoleküle) zeigen duroplastisches Verhalten.
Für sie gilt: Erweichungstemperatur > Zersetzungstemperatur.
Duroplaste sind nicht schmelzbar, sondern zersetzen sich irreversibel beim Erwärmen. Duroplaste sind spröde und durch Wärme nicht oder nur sehr wenig verformbar.
Schwach vernetzte Makromoleküle mit hoher molarer Masse zeigen elastomeres Verhalten (z. B. Naturkautschuk).
Für sie gilt: Elastomere sind bei tiefer Temperatur spröde und hart; sie sind nicht schmelzbar, aber bei höherer Temperatur elastisch ([1] S. 36).

3.5 Zur Geschichte der Kunststoffe

Bei den ersten Kunststoffen handelte es sich um Materialien, die in ihren Eigenschaften den Naturstoffen nachgestaltet werden sollten. Man versuchte daher zunächst, Naturprodukte abzuwandeln, da deren Struktur bereits vorgegeben ist.
Der älteste Kunststoff ist das Celluloid, eine feste Lösung aus Campher und Cellulosenitrat. Ab 1869 wird dieser Kunststoff in den USA von *J. W. Hyatt* als Ersatz des Elfenbeins für Billardkugeln produziert. Galalith, ein aus Casein und Formaldehyd von *W. Krische* und *W. Spittler* entwickeltes „Kunsthorn“, dient ab 1904 zur Erzeugung von Knöpfen.
Als erste vollsynthetisch gewonnene Kunststoffe gelten die Polykondensate: 1908 startet *L. H. Baekeland* die Produktion der Bakelite, den Polykondensaten aus Phenol bzw. Phenolderivaten und Formaldehyd.
Ab 1930 gehen auch Polymerisate in die Produktion.
Zu den wichtigsten Vertretern dieser Kunststoffgruppe zählen heute u. a. Polyvinylchlorid, Polystyrol, Polyvinylacetat, Polymethylmethacrylat und die Polyolefine Polyethen und Polypropen.
Obwohl Versuche zur Polymerisation (von Styrol) schon seit 1839 durchgeführt wurden, erkannte erst *H. Staudinger* (1920), dass es sich bei dem Produkt um „Riesenmoleküle“ (Makromoleküle) handelt.
Polyaddukte (z. B. Polyurethane) werden ab 1940 technisch hergestellt ([4] Tabelle S. 172; [1] S. 9).
Obwohl die Aufgabe der Kunststoffe, das dem Menschen zur Verfügung stehende Angebot an Werkstoffen zu vergrößern, prinzipiell gleich geblieben ist, haben sich die Forschungsziele grundlegend verändert:
Anfangs stand das Bestreben nach Angleichen der neuen Materialien an Naturstoffe im Vordergrund. Es wurde abgelöst von der Erzeugung synthe-

tisch hergestellter Kunststoffe. Im Laufe der Jahrzehnte nahmen deren Anzahl und Vielfalt rasant zu. Dabei musste man erkennen, dass der „Idealwerkstoff", der sämtliche gewünschten Eigenschaften in sich vereint, letzten Endes ein „Unobtainium" (das „Unerreichbare") bleiben wird ([1] S. 80). Heute hat man sich auf die Entwicklung von Kunststoffen spezialisiert, die gezielt für einen bestimmten Verwendungszweck hergestellt werden. Beispielsweise wird für die Luft- und Raumfahrt das Gebiet der Polymeren, die gegen extrem hohe Temperaturen beständig sind, eingehend erforscht ([1] S. 83 – 107), auf medizinischem Gebiet hingegen sind für Kunststoffimplantate, wie Hüftgelenke, physiologisch unbedenkliche, stabile Polymere gefragt ([1] S. 108).

4. Schülerexperimente zu Makromolekülen

4.1 Entstehung und Konzept des Skriptes „Experimente zu Makromolekülen"

Den zentralen Inhalt des vorliegenden Unterrichtswerkes bildet die 7., überarbeitete Auflage des Skriptes „Experimente zu Makromolekülen", entwickelt unter Mitarbeit der Mitglieder des gleichnamigen Arbeitskreises im KÖLNER MODELL:

Diese Schrift enthält das Ergebnis jahrelanger Recherchen in Schulbüchern und in der Fachliteratur nach geeigneten Versuchsvorschriften für einfache Schülerexperimente auf dem Gebiet der Makromoleküle, die wir seit der 1. Auflage (2001) ständig durch neue Informationen und eigene Erfahrungen aktualisiert und ergänzt haben. Schließlich wurden mehr als fünfzig Anleitungen ausgewählt, zusammengestellt und im Unterricht erprobt, teils konnten die Vorschriften optimiert oder vereinfacht werden. Jeder Versuch ist mit einer ausführlichen, fachlich adäquaten Erklärung, mit Literaturhinweisen und häufig mit Bezugsquellen der benötigten Stoffe versehen.

Das Skript ist Basis und Begleitmaterial der Lehrerfortbildungen, die der Arbeitskreis „Experimente zu Makromolekülen" im KÖLNER MODELL seit April 2001 auf regionaler, bundesweiter und internationaler Ebene durchführt.

Die Überlegungen, die im Januar 1999 zur Gründung und Zielsetzung dieses Arbeitskreises führten, waren folgende:

1. Kein moderner, lebensnaher Chemieunterricht ohne Kunststoffe (vgl. Abschnitt 1);

2. Motivation der Lernenden über Schülerversuche.

Vorbedingung jeglicher erfolgreichen Umsetzung eines Inhalts im Unterricht ist die Motivation der Lernenden. Das Interesse an medial perfekt dargebotenen chemischen Experimenten hat bei den Schülerinnen und Schülern eine gewisse Sättigungsgrenze erreicht. Man hat beobachtet, dass eigenständig ausgeführte Versuche wieder stärker gefragt sind. Offensichtlich bestätigt das Prinzip „Learning by Doing" weiterhin seine lernpsychologische Richtigkeit. Das Gebiet der Kunststoffe bietet sich für Schülerversuche ausdrücklich an.

3. Berücksichtigung der Gefahrstoffverordnung

Aufgrund der Gefahrstoffverordnung war das Überprüfen der tradierten Experimente auch auf dem Kunststoffsektor notwendig geworden, denn häufig waren darin Chemikalien zum Einsatz gekommen, die für Schüler-

versuche heute nicht mehr zugelassen sind. Außerdem waren die benötigten Stoffe oft schwierig zu beschaffen.
Daher wurden als Auswahlkriterien für die Zusammenstellung unserer Versuchsvorschriften maßgebend

- die Zulassung der eingesetzten Chemikalien für Schülerversuche ab der Sekundarstufe I in Übereinstimmung mit der aktuellen Gefahrstoffverordnung [10]
- der geringe zeitliche Aufwand zur Vorbereitung und Ausführung
- die Durchführbarkeit ohne nennenswerte apparative Ausstattung, möglichst als „Handversuch" der Schülerinnen und Schüler
- der problemlose Zugang zu den Ausgangsstoffen
- die Möglichkeit des didaktisch sinnvollen Einsatzes des Experiments sowohl in der Sekundarstufe I wie auch im Grund- oder Leistungskurs Chemie, je nach Auswahl der jedem Versuch beigegebenen, fachlich adäquaten Erklärung.

Aus Kosten-, Entsorgungs- und Sicherheitsgründen sind die Stoffportionen möglichst klein gehalten. Die Vorschriften – ausschließlich für Schülerversuche – beinhalten neben der Polymerisation der „klassischen" Monomeren mit anderen oder veränderten Startern die Polykondensation teils neuer Ausgangsstoffe, auch solcher aus nachwachsenden Rohstoffen, die Gewinnung und Modifizierung natürlicher Makromoleküle, den Zusammenhang zwischen Struktur und Eigenschaften von Makromolekülen, sowie Recycling und Analyse von Kunststoffen.
Entwickelt wurde das Skript „Experimente zu Makromolekülen" unter Mitarbeit der Mitglieder des gleichnamigen Arbeitskreises des KÖLNER MODELL: *Elisabeth Arndt*, Leverkusen; Dr. *Jutta Brückmann*, Köln; *Dorothea Freitag*, Köln; *Michael Gerhards*, Köln; *Roland Meloewski*, Ratingen; *Manuela Raida*, Köln; *Rolf Theil*, Köln; Dr. *Peter Tüttenberg*, Euskirchen; Dr. *Wolfgang Wiemann*, Köln; *Rolf Dieter Wülfing*, Köln
Redaktion: Dr. *Jutta Brückmann*, *Michael Gerhards*
Korrekturlesung und wissenschaftliche Beratung: Dr. *Gerhard Heywang*, Bergisch Gladbach (früher Bayer Industry Services, Leverkusen)

4.2 Sicherheitsvorschriften

Zur Durchführung der Versuche setzen wir voraus, dass die heute üblichen Sicherheitsvorschriften, wie das **Tragen einer Schutzbrille**, selbstverständlich eingehalten werden. Wir haben daher in den Versuchsanleitungen nicht mehr gesondert darauf hingewiesen. In einigen Vorschriften werden vorsichtshalber

Schutzhandschuhe empfohlen, da es beispielsweise durch unsachgemäßes Erhitzen zu Siedeverzügen kommen könnte. Aus dem gleichen Grund sollten die genannten Ansätze nicht überschritten werden. Auch aus Entsorgungs- und Etatgründen sind die angegebenen Stoffportionen minimiert worden.

4.3 Legende zu den Gefahrensymbolen

Die eingesetzten Chemikalien sind nach der aktuellen Gefahrstoffverordnung oder nach der Soester Liste gekennzeichnet.
Aus den Bestimmungen der Gesetzlichen Unfall-Versicherung (GUV-SR-2004; Stand Juli 2002), S. 9, Spalte 17:

Einsatz der Gefahrstoffe in Schülerexperimenten
Legende:

+ Schülerexperimente sind mit diesen Stoffen erlaubt
° Schülerexperimente sind mit diesen Stoffen nicht untersagt, jedoch ist die Ersatzstoffprüfung von besonderer Bedeutung
* Mit diesen Stoffen sind Schülerexperimente nur in der gymnasialen Oberstufe gestattet
-w Experimente mit diesen Stoffen sind für Schülerinnen nicht erlaubt
- Schülerexperimente sind mit diesen Stoffen nicht erlaubt
L# Stoffe, die nur im Lehrerversuch zugelassen sind

Für Stoffe, die in der Gefahrstoffverordnung nicht aufgeführt sind, gelten für uns weiterhin die Vorgaben und die nach alphabetischer Reihenfolge den Chemikalien zugewiesene Nummerierung in der Soester Liste. Sie wurde von uns mit angegeben, um darauf hinzuweisen, dass die Daten für diesen Stoff der Soester Liste entnommen sind.
„SI" unter „Unterrichtseinsatz" heißt demnach:
Für Schülerversuche ab Sekundarstufe I zugelassen.

Wie bisher bedeuten
R-Sätze: Hinweis auf besondere Gefahren (Merke: **R**isiko)
S-Sätze: Ratschläge zur Sicherheit (Merke: **S**icherheit)
K: Krebserzeugende Stoffe (Merke: **K**rebs)
M: Erbgutverändernde Stoffe (Merke: **M**utation)
RE: Entwicklungsschädigende Stoffe (Merke: **R**isiko für den **E**mbryo)
RF: Fruchtbarkeitsschädigende Stoffe (Merke: **R**isiko für die **F**ortpflanzungsfähigkeit)

VbF: **V**erordnung über **b**rennbare **F**lüssigkeiten
Gefahrklasse AI: Flammtemperatur < 21 °C
Gefahrklasse AII: Flammtemperatur 21 °C bis 55 °C
Gefahrklasse AIII: Flammtemperatur > 55 °C bis 100 °C
Gefahrklasse B: Flammtemperatur < 21 °C, wasserlöslich

4.4 Entsorgung

Die vorschriftsmäßige Entsorgung ist zu jeder Versuchsvorschrift angegeben. Im Falle der Durchführung sämtlicher Versuche sind Behälter erforderlich für
Hausmüll
Organische Feststoffe
Organische Lösemittel
Halogenhaltige organische Stoffe
Anorganische Stoffe
Anorganische Lösungen
Schwermetallsalzlösungen

4.5 Strukturierung der Versuchsanleitungen

Die Gliederung der Versuchsanleitungen ist einheitlich aufgebaut; sie enthält jeweils folgende Angaben:
Geräte
Chemikalien mit Sicherheitshinweisen und Gefahrensymbolen
Durchführung
Beobachtung und Ergebnis
Entsorgung
(Eigene) Erfahrungen
Erklärung
Literatur

Besondere Hinweise mit praktischen Tipps, Bezugsquellen der in diesem Versuch benötigten Stoffe, zur Geschichte dieses Kunststoffs.
Alle Versuchsanleitungen sind so angeordnet, dass man sie einschließlich der „Durchführung" direkt als Arbeitsblätter für die Lernenden kopieren kann.

4.6 Versuchsanleitungen

4.6.1 Synthese von Makromolekülen

4.6.1.1 Polymerisation

PM 1 Radikalische Polymerisation von Styrol bzw. Methacrylsäuremethylester

PM 2 Redox-Polymerisation von Methacrylsäuremethylester

PM 3 Kationische Polymerisation von Styrol

PM 4 Anionische Polymerisation von ε-Caprolactam

PM 5 Polymerisation von Lactid

PM 6 Copolymerisation von Styrol mit Maleinsäureanhydrid

PM 7 Entstabilisieren von Methacrylsäuremethylester

4.6.1.2 Polykondensation

PK 1 Grenzflächenkondensation von Sebacinsäuredichlorid und 1,6-Diaminohexan

PK 2 Polykondensation von Resorcin und Propionaldehyd

PK 3 Polykondensation von Glycerin und Bernsteinsäure

PK 4 Polykondensation von Glycol und Phthalsäureanhydrid

PK 5 Polykondensation von Glycerin und Phthalsäureanhydrid

PK 6 Polykondensation von Glycerin, Phthalsäureanhydrid und ungesättigten Fettsäuren

PK 7 Polykondensation von Glycerin bzw. 1,4-Butandiol und Borsäure

PK 8 Polykondensation von Glycerin und Citronensäure

PK 9 Polykondensation von D-Sorbit und Citronensäure

PK 10 Oxidative Bildung von Polypyrrol

4.6.2 Verarbeitung und Einsatz von Kunststoffen

VE 1 Trockenspinnverfahren

VE 2 Schmelzspinnverfahren
- 2.1 Schmelzspinnen von Polyamid
- 2.2 Schmelzspinnen von Polyethylenterephthalat (PET)
- 2.3 Schmelzspinnen von Polypropen

VE 3 Überführung eines Joghurtbechers in die „ursprüngliche“ Form

VE 4 Quellfähigkeit des Superabsorbers aus Natriumpolyacrylat (Windeln als Hightech-Produkt)

VE 5 Ein wasserlöslicher Kunststoff – Polyvinylalkohol

VE 6 Kleber aus Polystyrol

VE 7 Polystyrol – „mit und ohne Gas“

VE 8 Springbällchen

VE 9 Slime – einfach faszinierend
VE 10 Kunststoff – ein Künstler im Reparieren
VE 11 Modellversuch zum Zusammenhang zwischen Viskosität und Kettenlänge von Makromolekülen

4.6.3 Natürliche Makromoleküle

4.6.3.1 Gewinnung
NMG 1 Gewinnung von Kartoffelstärke
NMG 2 DNA-Isolierung aus Zwiebeln und Tomaten

4.6.3.2 Modifizierung
NMM 1 Folie aus Kartoffelstärke
NMM 2 Schaumstoff STÄRKOPOR aus Stärke
NMM 3 Kunsthorn aus Casein und 1,3,5-Trioxan
NMM 4 Leim aus Casein
NMM 5 Leim aus Gelatine
NMM 6 Cuprofasern aus Cellulose
NMM 7 Folie aus Chitosan
NMM 8 Chitosan in Schlankheitsmitteln
NMM 9 Anstrichfarbe und wasserunlöslicher Leim aus Casein und Kalkmilch

4.6.4 Recycling von Makromolekülen

RE 1 Trennung eines Stoffgemisches im Windsichter
RE 2 Trennung von Kunststoffgemischen durch Schwimm-Sink-Verfahren
RE 3 Recycling von Thermoplasten durch Zusammensintern
RE 4 Recycling von Thermoplasten durch Umschmelzen
RE 5 Recycling von Polystyrolschaum (Styropor®)
RE 6 Depolymerisation von Polymethacrylsäuremethylester
RE 7 Trennung von Kunststoffgemischen aus zwei Komponenten durch selektive Lösemittel
RE 8 Trennung einer Mischung aus Polystyrol, Polyethylen und Polyvinylchlorid
RE 9 Abtrennung von Farbstoffen aus Kunststoffabfällen
RE 10 Verhalten einer Stärkefolie in feuchter Erde (Vergleich mit Polyethylenfolie)

4.6.5 Analyse von Kunststoffen

Tabelle zur Beschaffung von Kunststoffproben

AN 1 Bestimmung der Schmelztemperatur von Thermoplasten

AN 2 Brennbarkeit von Kunststoffen

AN 3 Verhalten von Kunststoffen beim Verschwelen

AN 4 Verhalten von Kunststoffen gegenüber Chemikalien

AN 5 Schwimmverhalten von Kunststoffen

AN 6 Identifikation von unbekannten Kunststoffproben (Kurzfassung von AN 1 – 5)

AN 7 Nachweis von Kohlenstoff und Wasserstoff in Polyolefinen

PM 1

Radikalische Polymerisation von Styrol bzw. Methacrylsäuremethylester

Geräte:

Heizplatte, Becherglas (200 mL) für Wärmebad, Reagenzgläser, Messpipette (1 mL), Messpipette (5 mL), Thermometer (bis 150 °C), Holz- oder Glasstäbe

Evtl. für Versuch 1 zur Herstellung eines Schraubendreher(modell)s mit Polystyrolgriff (vgl. „Besondere Hinweise“): Metallnagel (Länge mind. ca. 7 cm) oder Schraubenbit, Niederspannungsquelle mit Messgerät (Ohmmeter), Stativ mit Klammer und Muffe

Chemikalien:

Versuch 1:

Styrol, Cumolhydroperoxid, Siliconöl (oder Salatöl: Keine offene Flamme!) für Wärmebad

Versuch 2:

Styrol, handelsübliche „Härterpaste“, Wasser für Wärmebad

Versuch 3:

Methacrylsäuremethylester, handelsübliche „Härterpaste“, Wasser für Wärmebad

Nr.	Substanzname	Gefahrensymbole	R-Sätze	S-Sätze	K M R_E R_F	VbF	Unterrichts-Einsatz
	Styrol	Xn	10-20-36/38	2-23		AII	°
	Methacrylsäure-methylester	Xi, F	11-37/38-43	2-24-37-46		AI	°
	Cumolhydroperoxid	O, T, N	7-21/22-23-34-48/20/22-51/53	1/2-3/7-14-36/37/39-45-50-61		I	°
	handelsübliche „Härterpaste“ (s. dazu „Besondere Hinweise“)	Xi, O					SI

Durchführung:
Die Dämpfe von Styrol und Methacrylsäuremethylester sind stark schleimhautreizend. Man arbeitet daher möglichst unter dem Abzug.
Versuch 1 (Polymerisation von Styrol mit Cumolhydroperoxid als Starter):
5 mL Styrol werden im Reagenzglas mit 0,5 mL Cumolhydroperoxid versetzt und im Ölbad unter Rühren erwärmt. Dabei wird die Temperatur während eines Zeitraums von ca. 15 Minuten von 90 °C auf 140 °C erhöht. Anschließend lässt man abkühlen. Siehe auch „Besondere Hinweise".
Versuch 2 (Polymerisation von Styrol mit Härterpaste als Starter):
Tube mit Härterpaste vor Verwendung *gründlich* durchkneten!
Ca. 0,5 mL Härterpaste werden auf die Spitze eines Holz- oder Glasstabs ausgedrückt, mit dem Stab in 5 mL Styrol gegeben und ca. 10 Minuten im siedenden Wasserbad erhitzt. Den viskos gewordenen Inhalt des Reagenzglases lässt man abkühlen.
Versuch 3 (Polymerisation von Methacrylsäuremethylester mit Härterpaste als Starter):
Tube mit Härterpaste vor Verwendung *gründlich* durchkneten!
Ca. 0,5 mL Härterpaste werden auf die Spitze eines Holz- oder Glasstabs ausgedrückt, mit dem Stab in 5 mL Methacrylsäuremethylester gegeben und im Wasserbad für ca. 10 Minuten auf etwa 80 °C erhitzt; danach lässt man abkühlen.

Beobachtung und Ergebnis:
Versuch 1:
Ab 110 °C bilden sich Bläschen, die zunächst schnell nach oben steigen. Mit zunehmender Ölbadtemperatur entstehen zusehends Schlieren. Die Anzahl der Bläschen nimmt ab; durch die anwachsende Viskosität des Reaktionsgemischs steigen sie immer langsamer nach oben. Nach dem Abkühlen liegt ein *transparenter, farbloser* Festkörper vor.
Versuch 2:
Nach dem Abkühlen hat sich – im Gegensatz zu Versuch 1 – ein *rötlich, trüber* Feststoff gebildet; diese Erscheinungsform des Kunststoffs ist auf das rosa-milchige Aussehen der Härterpaste zurückzuführen.
Versuch 3: Vgl. Versuch 2

Entsorgung:
Alle Reaktionsprodukte der Polymerisationen werden zum organischen Feststoffabfall gegeben.

Bromaddukte der Monomeren werden den halogenhaltigen organischen Lösemitteln zugeführt, mit Baeyers Reagenz entstandene Additionsverbindungen werden den organischen Lösemitteln zugegeben.

Erfahrungen:

Versuch 1:

Abweichend von der Literaturangabe reichte bei unserem Versuch die Temperatur des siedenden Wasserbades nicht aus.

Versuch 2 und 3:

Zur Homogenisierung muss die Härterpaste (Bezugsquelle z. B. Baumarkt) in der geschlossenen Tube unbedingt gründlich durchgeknetet werden.

Erklärung:

Es handelt sich um radikalische Polymerisationen, wie sie für viele Olefine typisch sind.

Versuch 1 und 2:

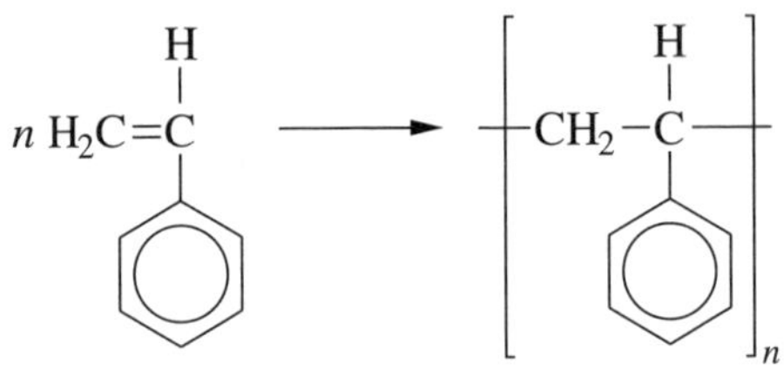

Styrol Polystyrol

Versuch 3:

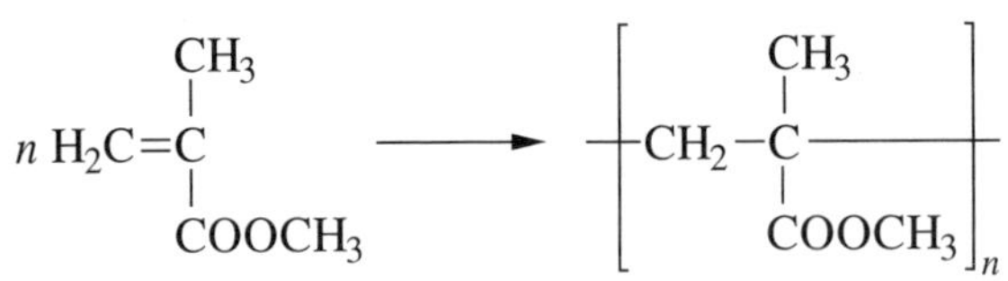

Methacrylsäuremethylester Polymethacrylsäuremethylester

Reaktionsmechanismus:

Als Initiatoren dienen hier Peroxide, die durch Einwirkung von Wärme in Radikale gespalten werden:

Allgemein:

$$\underset{\text{Peroxide}}{R{-}O{-}O{-}R} \longrightarrow \underset{\text{Radikale}}{2\,R{-}O\bullet}$$

Versuch 1:

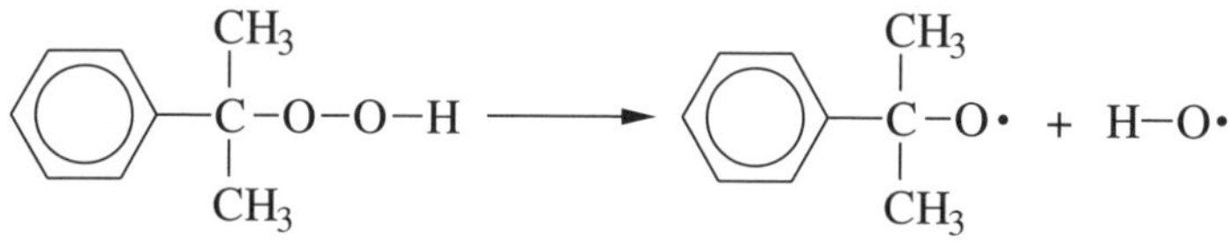

Cumolhydroperoxid

Versuch 2 und 3:

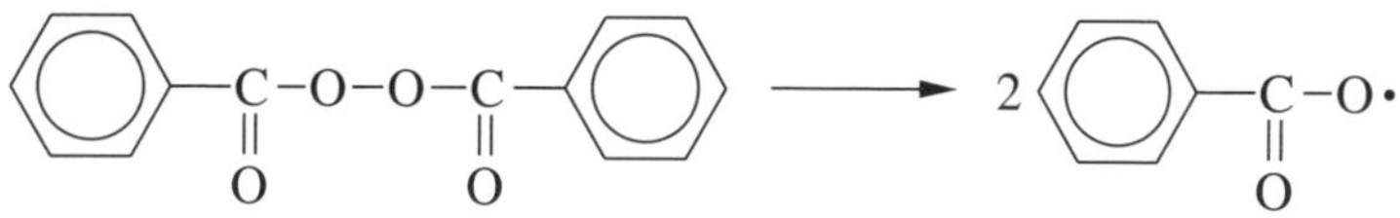

Benzoylperoxyd

Benzoylradikal

Start (vgl. Besondere Hinweise):

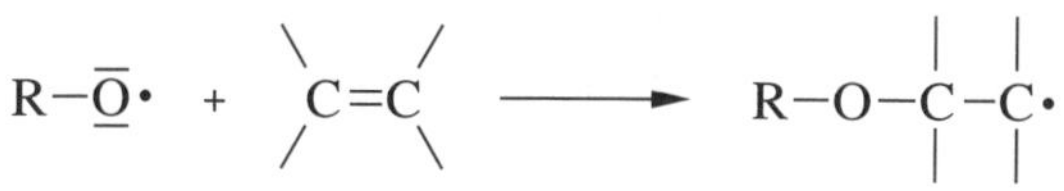

Wachstum:

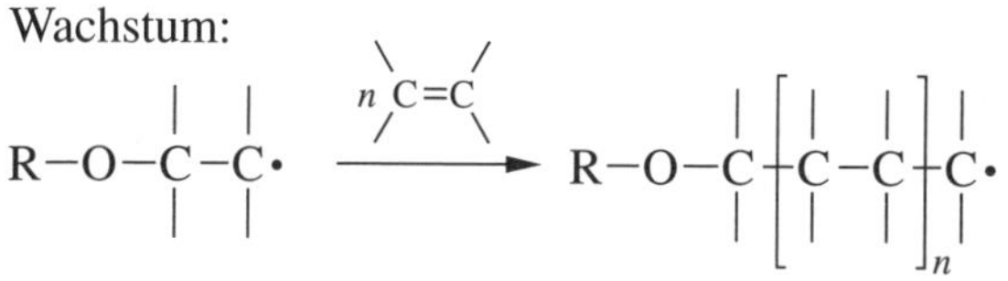

Abbruch:

Der Abbruch der wachsenden Kette kann erfolgen durch

– ein anderes Radikal:

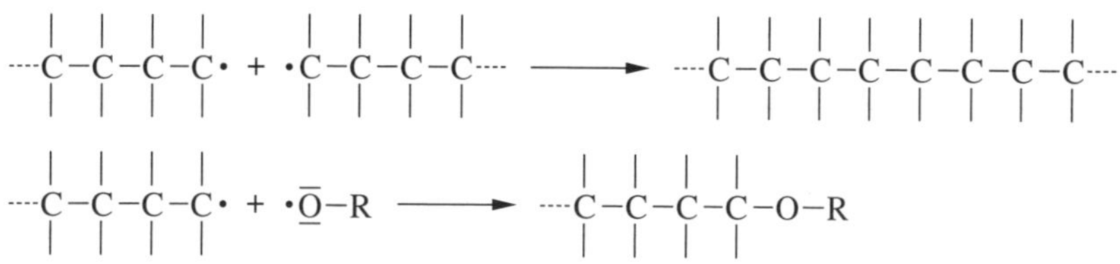

– Disproportionierung:

– Kettenübertragung:

Literatur:

Versuch 1:

R. Blume et al.: Chemie für Gymnasien. Auswahlthemen Organische Chemie, Themenheft 1: Fette, Seifen, Waschmittel und Kunststoffe. Berlin 1994, S. 52

Versuch 2 und 3:

Durchführung und Ergebnisse beruhen ausschließlich auf eigenen Erfahrungen.

Reaktionsmechanismus:

W. Glöckner et al. (Hrsg): Handbuch der experimentellen Chemie Sek. II, Band 12. Köln 1997, S. 7 – 8

J. Falbe, M. Regitz: Römpp-Lexikon Chemie. Band 5, 10. Auflage, Stuttgart 1999, S. 3482 (PMMA); S. 3506 (PS)

Besondere Hinweise:

Der wirksame Bestandteil der handelsüblichen Härterpaste ist Benzoylperoxid (Xi, E), das lt. Soester Liste grundsätzlich nur im Lehrerversuch (L#) zugelassen ist. Aufgrund der Verdünnung des Benzoylperoxids in der Härterpaste kann diese auch in SI im Schülerversuch eingesetzt werden.

Die Polymerisation von Methacrylsäuremethylester mit Cumolhydroperoxid als Starter gelingt unter diesen einfachen Bedingungen nicht, da die Siedetemperatur dieses Esters unterhalb der Zerfallstemperatur dieses Peroxids in Radikale liegt.

Das beim thermischen Zerfall von Benzoylperoxid entstehende Benzoylradikal kann unter bestimmten Reaktionsbedingungen Kohlenstoffdioxid abspalten; dann wirkt das (noch reaktivere) Phenylradikal als Starter der Polymerisation.

Das Modell eines Schraubendrehers erhält man, wenn man in das zäh werdende Reaktionsgemisch von Versuch 1 einen langen Eisennagel (Spitze oben) gleiten lässt und für dessen senkrechte und zentrierte Position bis zum Festwerden des Polystyrols sorgt. Eine noch einfachere Methode ist die folgende: Polystyrol ist ein Thermoplast. Daher kann man das fest gewordene Polystyrol (im Reagenzglas) in kochendem Wasser wieder aufschmelzen, den Eisennagel oder den Bit hineingleiten und unter fließendem, kaltem Wasser unter Festhalten des Metalls bis zum Erstarren rasch abkühlen lassen.

Bei Verwendung eines Schraubenbits anstelle des Nagels lässt sich ein gebrauchsfertiger Schraubendreher herstellen. Nach dem (Wieder-)Festwerden des Polystyrols wird das Reagenzglas vorsichtig zerschlagen. Mit einer angelegten Niederspannung und einem Messgerät lässt sich das elektrische Isoliervermögen des Polystyrols demonstrieren.

Nachweisreaktionen:

Als Nachweis, dass bei der Polymerisation von Styrol und Methacrylsäuremethylester die C=C-Doppelbindungen in C−C-Einfachbindungen überführt werden, kann man vor und nach der Polymerisation die Probe mit Bromwasser (Xi) (RG 1) und/oder mit Baeyers Reagenz (Kaliumpermanganatlösung (Xn) mit Zusatz von Natriumcarbonat (Xi)) (RG 2) durchführen:

RG 1:

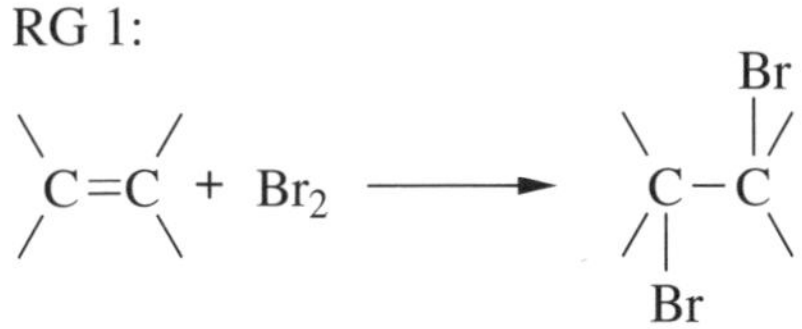

RG 2 (z. B.):

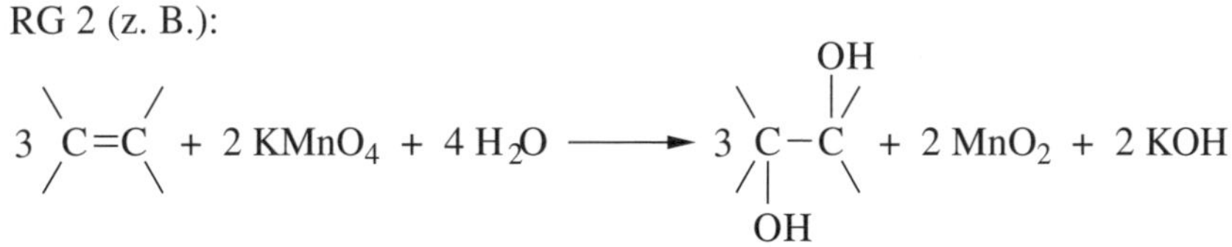

Verwendung von Polystyrol (PS):

Reines Polystyrol ist glasklar und spröde. Polystyrol ist ein Massenkunststoff. Es wird u. a. verwendet in Haushaltsgegenständen, Elektrogeräten, Lebensmittelverpackungen. Aufgeschäumtes Polystyrol (Styropor®) dient als Isolier- und Verpackungsmaterial, für Rettungs- und Schwimmringe und zur Bodenauflockerung.

Verwendung von Polymethylmethacrylat (PMMA):

Am bekanntesten als Plexiglas® für Fahrzeug- und Abzugsscheiben (Chemieraum in der Schule), als Visier für Motorradhelme, als Leuchtröhren für Lichtreklame.

Vorkommen in der Natur: Der Laufkäfer Abax ater versprüht das Monomere aus einer Hinterleibsdrüse auf den Verfolger; das entstehende Polymerisat macht den Gegner bewegungsunfähig.

PM 2 Redox-Polymerisation von Methacrylsäuremethylester

Geräte:

200-mL-Becherglas, Glasstab, Messzylinder (100 mL), Messpipette (5 mL), Wasserbad, Trichter, Filter, Filtrierpapier, Filtriergestell

Chemikalien:

Methacrylsäuremethyester (stabilisiert), Kaliumperoxodisulfat ($K_2S_2O_8$), Natriumdisulfit ($Na_2S_2O_5$), Ethanol, Wasser, Aceton

Nr.	Substanzname	Gefahrensymbole	R-Sätze	S-Sätze	K M R_E R_F	VbF	Unterrichts-Einsatz
	Methacrylsäure-methylester	Xi, F	11-37/38-43	2-24-37-46		AI	°
	Kaliumperoxo-disulfat	Xn, O	8-22-36/37/38-42/43	2-22-24-26-37			+
	Natriumdisulfit	Xn	22-31-41	26-39-49			+
	Ethanol Ethylalkohol 96%	F	11	2-7-16		B	+
	Aceton Propanon	F, Xi	11-36-66-67	2-9-16-26		B	+

Durchführung:

In einem 200-mL-Becherglas löst man in einer Mischung aus 60 mL Ethanol und 40 mL Wasser 5 mL Methacrylsäuremethylester (stabilisiert).
Unter Rühren mit dem Glasstab fügt man zunächst eine Lösung von 1 g Kaliumperoxodisulfat in 10 mL Wasser (etwas anwärmen), dann eine Lösung von 1 g Natriumdisulfit in 10 mL Wasser hinzu.
Man kann das Einsetzen der Reaktion beschleunigen, indem man den Inhalt des Becherglases im Wasserbad unter Umrühren auf etwa 50 °C erwärmt.
Nach etwa 30 Minuten wird der entstandene Niederschlag abfiltriert, mit etwas Ethanol oder Wasser gewaschen und durch Abpressen zwischen Filterpapier getrocknet.

Beobachtung und Ergebnis:
Die farblose Lösung wird innerhalb einer Minute trüb; es fällt zunehmend ein weißer Niederschlag aus (Ausbeute nach dem Trocknen ca. 2,5 g). Das weiße, krümelige Reaktionsprodukt löst sich recht gut in Aceton, das man im Wasserbad (keine offene Flamme!) auf etwa 40 °C erwärmt hat.

Entsorgung:
Der feste Kunststoff kann zum Hausmüll gegeben werden; Ethanol- und Acetonreste kommen in den Sammelbehälter für organische Lösemittel, das Filtrat zu den anorganischen Restlösungen.

Erklärung:
Methacrylsäuremethylester polymerisiert zu Polymethacrylsäuremethylester (= Polymethylmethacrylat PMMA):

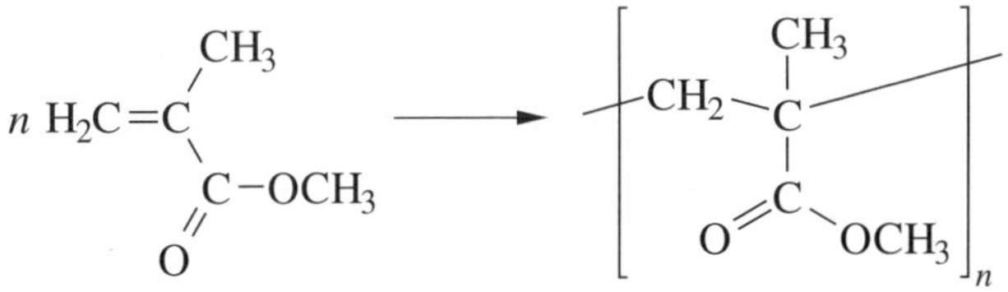

Bei diesem Versuch handelt es sich um eine Redoxpolymerisation; da das Polymere hier als unlöslicher Niederschlag ausfällt, spricht man auch von einer Fällungspolymerisation.
Die Redoxpolymerisation gehört zu den radikalischen Polymerisationen.
Bei einer Redoxpolymerisation wird das Peroxid nicht durch Erhitzen, sondern durch Aufnahme eines Elektrons in ein Radikal und ein Anion zerlegt. In der Industrie wird dieses Verfahren bei hitzeempfindlichen Monomeren angewendet:

$$\underset{\text{Peroxide}}{R-O-O-R} + e^- \longrightarrow \underset{\text{Radikale}}{R-O\cdot} + \underset{\text{Anion}}{R-O^-}$$

Die Polymerisation wird durch das entstandene Radikal gestartet.
Hier dient (Kalium-) Peroxodisulfat ($K_2S_2O_8$) als Oxidationsmittel; das Elektron wird vom Reduktionsmittel (Natrium-) Disulfit ($Na_2S_2O_5$) geliefert.
Redoxvorgang:

$$\overset{+IV}{S_2}O_5^{2-} + 4\,R-\overset{-I}{O}-\overset{-I}{O}-R + 9\,H_2O \longrightarrow 2\,\overset{+VI}{S}O_4^{2-} + 4\,R-\overset{-I}{O}\cdot + 4\,R-\overset{-II}{O}^- + 6\,H_3O^+$$

$$R-O-O-R = \left[O_3S-O-O-SO_3\right]^{2-}$$

Das Hauptanwendungsgebiet für Polymethylmethacrylat sind organische Kunstgläser, z. B. Plexiglas® (vgl. PM 1: „Besondere Hinweise“, letzter Absatz).

Literatur:

M. Müller: Kunststoffe aus Makromolekülen. Bayer Industry Services, Leverkusen. CD-ROM, aktualisiert 2005, Versuch Nr. 7, S. 130

Besondere Hinweise:

Die angegebenen Stoffportionen lassen sich problemlos auf die Hälfte reduzieren.

Kationische Polymerisation von Styrol

Geräte:
2 Reagenzgläser (schwer schmelzbar), Spatel, Pipette, Reagenzglashalter, Gasbrenner

Chemikalien:
Styrol, Eisen(III)-chlorid (kristallwasserhaltig) oder Eisen(III)-chlorid (wasserfrei)

Nr.	Substanzname	Gefahrensymbole	R-Sätze	S-Sätze	K M R_E R_F	VbF	Unterrichts-Einsatz
	Styrol	Xn	10-20-36/38	2-23		AII	°
	Eisen(III)-chlorid· $6H_2O$	Xn	22-38-41	26-39			+
	Eisen(III)-chlorid wasserfrei	Xn	22-38-41	26-39			+

Durchführung:
Man arbeitet unter dem Abzug.
Für diesen Versuch benötigt man *frisch* sublimiertes, wasserfreies Eisen(III)-chlorid als Starter. Die Gewinnung ist auf zweierlei Art möglich.

Darstellung des Starters:
1. aus kristallwasserhaltigem Eisen(III)-chlorid ($FeCl_3 \cdot 6H_2O$)
In einem schwer schmelzbaren Reagenzglas wird eine Spatelspitze kristallwasserhaltiges Eisen(III)-chlorid erhitzt; das zunächst entweichende Kristallwasser wird verkocht, an der Reagenzglasmündung kondensierendes Wasser entfernt man mit einem Papiertuch. Beim weiteren Erhitzen setzen sich etwa in der Mitte des Reagenzglases kleine, dunkle, glänzende Kristalle von wasserfreiem Eisen(III)-chlorid ab, die man nicht weiter erhitzen darf, da sie sehr leicht mit dem Sauerstoff der Luft reagieren und damit für diesen Versuch als Katalysator unbrauchbar werden (Versuchsdauer insgesamt ca. 4 Minuten)
2. durch Sublimation von wasserfreiem Eisen(III)-chlorid ($FeCl_3$)
In einem schwer schmelzbaren Reagenzglas wird eine Spatelspitze wasser-

freies Eisen(III)-chlorid erhitzt; etwa in der Mitte des Reagenzglases setzen sich sofort kleine, dunkle, glänzende Kristalle ab (vgl. dazu unter 1.). Eisen(III)-chlorid sublimiert wenig oberhalb von 120 °C (Versuchsdauer ca. 2 Minuten).

Polymerisation von Styrol:
Schutzhandschuhe tragen!
Mit Hilfe eines *trockenen* Spatels überführt man einige Kristalle des sublimierten Eisen(III)-chlorids auf den Boden eines trockenen, schwer schmelzbaren Reagenzglases, gibt 2 mL Styrol hinzu und schüttelt kurz durch, bis eine gelbe Lösung entstanden ist.
Mit kleiner Brennerflamme wird das schräg gehaltene Reagenzglas mehrmals für einige Sekunden erhitzt,
danach jeweils aus der Flamme genommen und beobachtet. Aufsteigende Bläschen und das Schwanken der Flüssigkeitsoberfläche zeigen das Einsetzen der Reaktion an, die sehr heftig verlaufen kann.

Beobachtung und Ergebnis:
Nach dem Abkühlen erstarrt das Reaktionsgemisch zu einem harzartigen, gelblichen Feststoff; durch vorsichtiges Erwärmen wird dieser wieder flüssig, durch Abkühlen wieder fest.

Entsorgung:
Die Reagenzgläser mit Inhalt werden zum Hausmüll gegeben.

Erfahrungen:
Für das Gelingen des Versuchs ist es gleichgültig, ob das sublimierte Eisen(III)-chlorid aus wasserfreiem oder kristallwasserhaltigem Eisen(III)-chlorid gewonnen wurde. Dabei ist unbedingt darauf zu achten, dass das sublimierte Eisen(III)-chlorid nicht überhitzt wird. (Die Sublimationstemperatur von $FeCl_3$ beträgt etwa 120 °C).
Abweichend von den Literaturangaben reichen bereits einige Kristalle des frisch sublimierten Eisen(III)-chlorids aus, um die Polymerisation in Gang zu setzen. Außerdem sollte bei Verwendung von Reagenzgläsern der üblichen Größe die Styrolportion 2 mL nicht überschreiten, da die Polymerisation des Styrols unter starkem Aufschäumen abläuft und bei Einsatz eines größeren Volumens an Styrol das Reagenzglas nicht ausreicht, um den Schaum zu fassen.

An dem hier entstandenen Polystyrol lässt sich das typische Wärmeverhalten von Thermoplasten sehr gut demonstrieren.

Erklärung:

Es findet eine Polymerisation von Styrol statt:

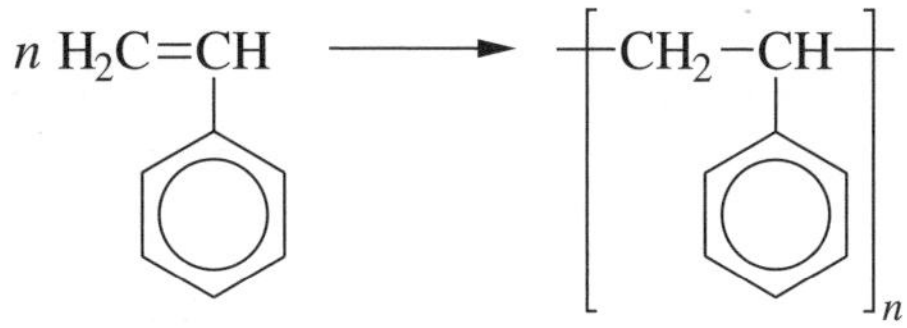

Styrol Polystyrol

Es handelt sich um eine kationische Polymerisation.

Die Lewis-Säure $FeCl_3$ reagiert mit Spuren von Wasser, z. B. aus der Luft, unter Bildung eines Protons:

$$FeCl_3 \quad + \quad H_2O \quad \rightarrow \quad [FeCl_3(OH)]^- \quad + \quad H^{\oplus}$$

Start:

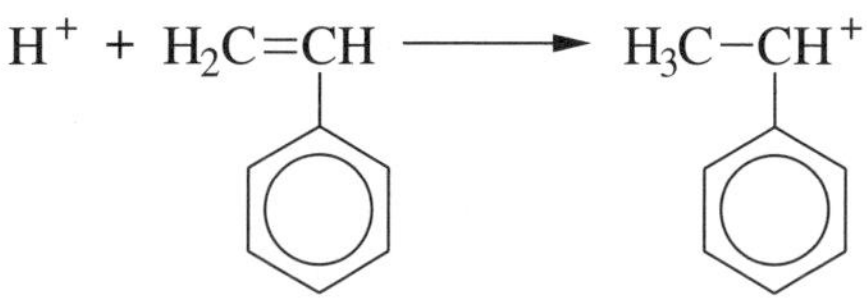

Wachstum:

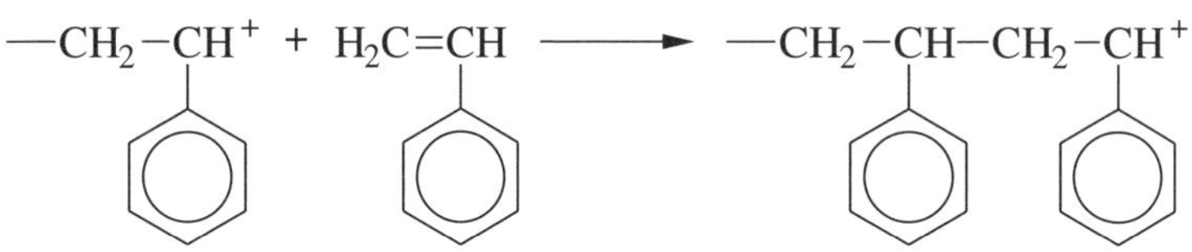

Abbruch (mit Übertragungsreaktion):

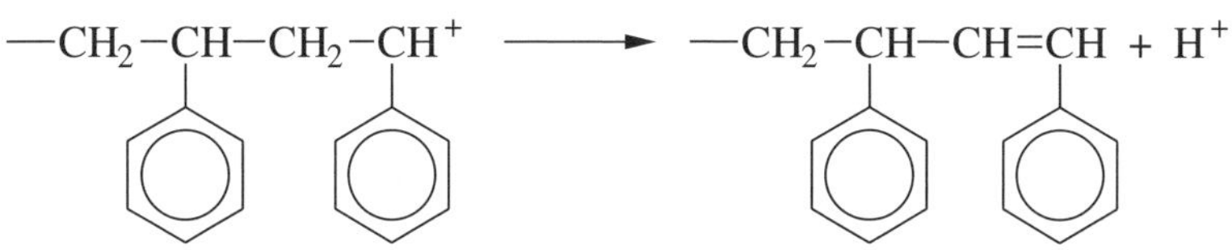

Das abgespaltene Proton kann eine neue Kette starten (Kettenübertragung).

Abbruch (ohne Übertragungsreaktion):

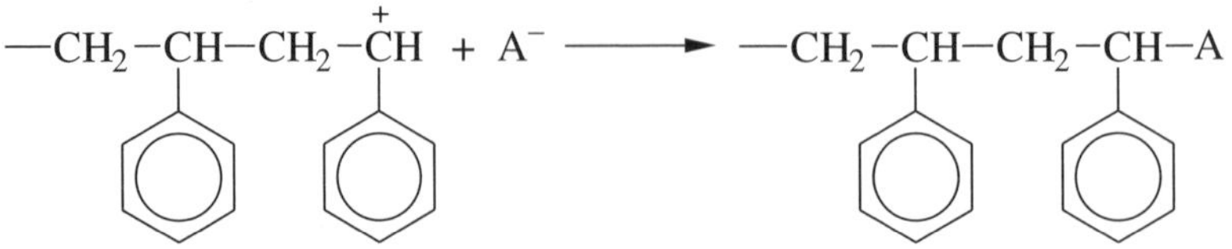

Die Abbruchsreaktion kann nur durch ein Anion (A^-) erfolgen, z. B. durch $[FeCl_3(OH)]^-$.

Literatur:

Cuny (Hrsg.): Chemie Oberstufe. Hannover 1968, S. 203

A. Kemper, R. Fladt: Chemie. Stuttgart 1976, S. 405

E. Greb et al.: umwelt: chemie. Stuttgart 1981, S. 224

P. Kral et al.: Einfache chemische Experimente. Stuttgart 1993, S. 230

R. Wolff, R. Glaum (Hrsg.): Flörke/Wolff-Kursthemen Chemie. Spezielle chemische Arbeitsgebiete. Bonn 1984, S. 18/8

A. F. Holleman, E. Wiberg: Lehrbuch der Anorganischen Chemie, 102. Auflage, Berlin 2007, S. 1648

Anionische Polymerisation von ε-Caprolactam

PM 4

Geräte:
Schwer schmelzbares Reagenzglas, Glasstab, Holzklammer, Reagenzglasgestell

Chemikalien:
ε-Caprolactam, Natriumhydroxid (fest)

Nr.	Substanzname	Gefahrensymbole	R-Sätze	S-Sätze	K M R_E R_F	VbF	Unterrichts-Einsatz
	ε-Caprolactam	Xn	20/22-36/37/38	2			+
	Natriumhydroxid wasserfrei	C	35	1/2-26-37/39-45			+

Durchführung:
Man arbeitet unter dem Abzug.
In das Reagenzglas werden 4,5 bis 6 cm^3 ε-Caprolactam eingefüllt (Füllhöhe 3 bis 4 cm); man fügt ein Plätzchen festes Natriumhydroxid hinzu und erwärmt das Gemisch, bis die Reaktion einsetzt. Danach erhitzt man nicht weiter, sondern lässt erkalten.
Das erstarrte Reaktionsprodukt wird vorsichtig aufgeschmolzen. Mit Hilfe des Glasstabs versucht man, aus der Schmelze Fäden zu ziehen.

Beobachtung und Ergebnis:
Es entsteht ein wachsartiger, homogener, nicht transparenter Feststoff; aus der Schmelze lassen sich feine, lange Fäden ziehen („Schmelzspinnverfahren“).

Entsorgung:
Reagenzglas und Inhalt können zum Hausmüll gegeben werden.

Erklärung:
Im technischen Maßstab erfolgt die Polymerisation von ε-Caprolactam über mehrere Stunden hinweg bei 250 – 260 °C.

Dabei wird zunächst durch Spuren von Wasser der Caprolactamring hydrolytisch geöffnet:

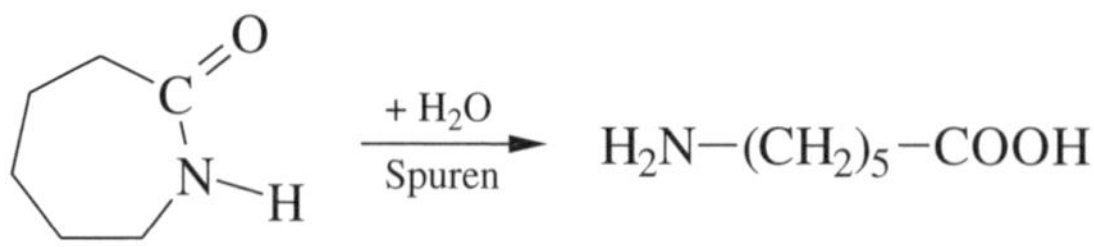

ε-Caprolactam ε-Aminocapronsäure

Unter Abspaltung von Wasser bei der Polykondensation der Aminocapronsäure entsteht das Polyamid:

$$n\ H_2N{-}(CH_2)_5{-}COOH \longrightarrow H_2N{-}(CH_2)_5{-}[\overset{\displaystyle O}{\overset{\|}{C}}{-}NH{-}(CH_2)_5]_{n-1}{-}COOH + n{-}1\ H_2O$$

ε-Aminocapronsäure Polyamid

Das entstandene Wasser wird zur Hydrolyse von weiterem Caprolactam gebraucht, so dass bei dieser Polyamid-Bildung keine Nebenprodukte entstehen; im Reaktionsgemisch verbleiben jedoch etwa 10 % an Caprolactam.

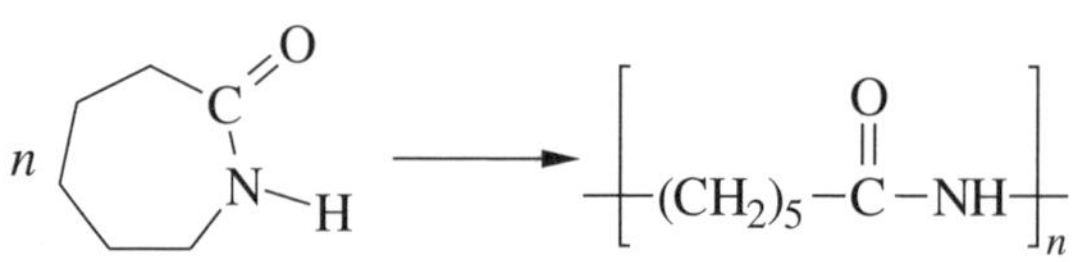

ε-Caprolactam Polycaprolactam

Im Gegensatz zu dem oben beschriebenen, industriellen Verfahren der langsam ablaufenden Polymerisation handelt es sich bei unserem Schulversuch um eine sog. Schnellpolymerisation von ε-Caprolactam mit anionischem Reaktionsmechanismus; sie muss unter Ausschluss von Wasser durchgeführt werden.

Das zugesetzte Natriumhydroxid bewirkt zunächst die Bildung eines Caprolactam-Anions, indem das acide Wasserstoffatom der Imidgruppe als Proton mit dem Hydroxidion zu Wasser reagiert:

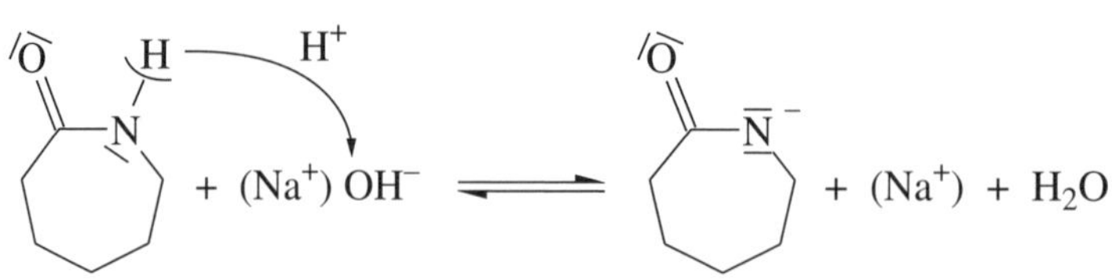

(1)

ε-Caprolactam Caprolactam-Anion

Die Acidifizierung des Protons wird durch Mesomeriestabilisierung des Anions erreicht:

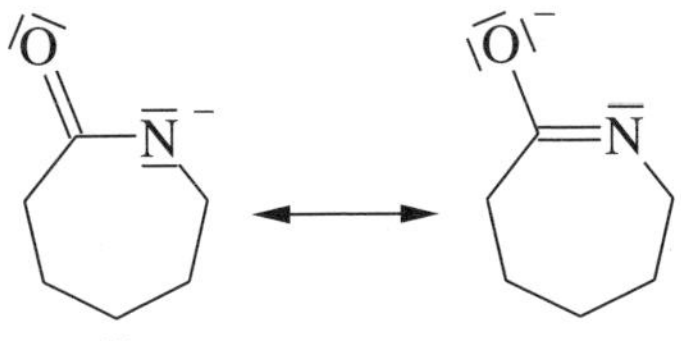

(1)

Start:
Als Starter wirkt das Caprolactam-Anion (1); aufgrund seiner Lewis-Basizität bewirkt es die Ringöffnung eines weiteren Lactamrings:

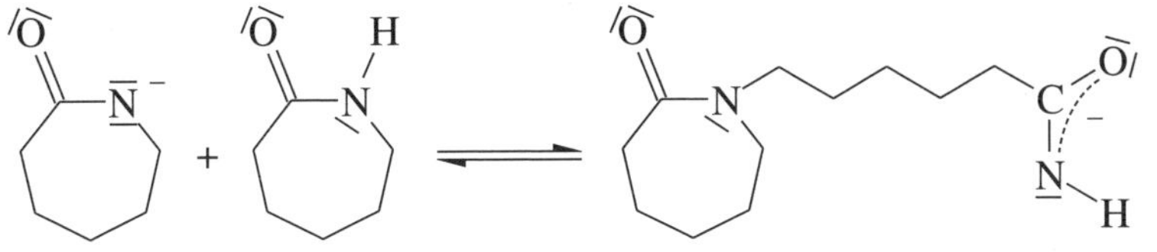

(1)

Kettenwachstum:

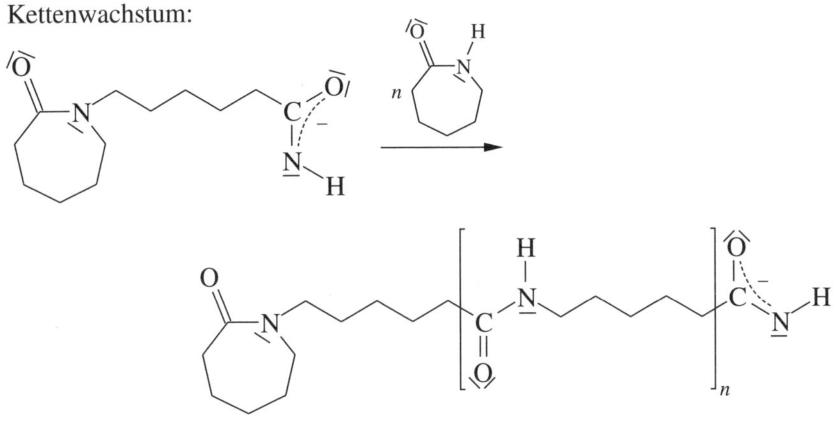

Eine Abbruchreaktion im üblichen Sinne gibt es bei dieser Reaktion nicht. Das Kettenwachstum ist beendet, sobald das Monomer verbraucht oder das Kettenende durch Diffusion nicht mehr erreichbar ist. Bei Zusatz von weiterem ε-Caprolactam kann das Kettenwachstum wieder einsetzen („lebendes Polymer"). Dieser thermoplastische Kunststoff gehört zu den Polyamiden; bekanntester Handelsname: Perlon®.

Literatur:

E. Glaum, R. Wolff (Hrsg.): Flörke/Wolff-Chemie für die Jahrgangsstufen 11 – 13. Bonn 1988, S. 247 – 248

W. Glöckner et al. (*H. J. Bader* (Hrsg.)): Handbuch der experimentellen Chemie – Sekundarbereich II – Band 12: Kunststoffe, Recycling, Alltagschemie. Köln 1997, S. 55 – 57
R. T. Morrison/R. N. Boyd: Lehrbuch der Organischen Chemie. 3. Auflage. Weinheim 1986, S. 1039
H. Rinke, E. Istel: Polyamide. In: *Houben-Weyl*: Methoden der Organischen Chemie, Band XIV/2: Makromolekulare Stoffe. 4. Auflage. Stuttgart 1963, S. 128

Besondere Hinweise:
Zum Vergleich kann man den Versuch ohne Zusatz von Natriumhydroxid durchführen; das Caprolactam ist dann brüchig, leicht durchsichtig und inhomogen; aus der Schmelze lassen sich keine Fäden ziehen.
Perlon® wurde 1938 von *P. Schlack* (I.G.Farben) entdeckt. Es ähnelt in seinen Eigenschaften sehr dem Nylon®, das 1936 von *W. H. Carothers* (Du Pont) entwickelt worden war.

Polymerisation von Lactid

PM 5

Geräte:

Reagenzgläser, Glas- oder Holzstäbe (Schaschlikspieße), Messpipette, Spatel, Reagenzglasklammer, Reagenzglasgestell, Brenner

Chemikalien:

Milchsäure, Zinkchlorid (wasserfrei), Siedesteine, Kupfer(II)-sulfat-Papier

Nr.	Substanzname	Gefahrensymbole	R-Sätze	S-Sätze	K M R_E R_F	VbF	Unterrichts-Einsatz
741	DL-Milchsäure	Xi	36/38	2-26-36			SI
	Zinkchlorid wasserfrei	C, N	34-50/53	1/2-7/8-28-45-60-61			+
	Kupfer(II)-sulfat-Papier						+

Durchführung:

Polymerisation von Lactid mit Zinkchlorid (wasserfrei) als Katalysator:
In ein Reagenzglas werden 2,5 mL Milchsäure, eine Spatelspitze (0,25 g) Zinkchlorid und ein Siedestein gegeben. Man erhitzt vorsichtig am Rande der nicht rauschenden Flamme, bis nach einigen Minuten eine sehr schwache Farbänderung eintritt. Zum rascheren Beobachten lässt man das Reagenzglas, sobald man es anfassen kann, unter fließendem Wasser abkühlen. Mit einem Holz- oder Glasstab versucht man, während des Abkühlens Fäden zu ziehen.

Beobachtung und Ergebnis:

Am Rand des Reagenzglases setzen sich farblose Tröpfchen ab, die sich durch Blaufärbung von Kupfer(II)-sulfat-Papier als Wasser identifizieren lassen. Beim Erhitzen bildet sich Schaum, der immer feinporiger wird.
Das entstehende Produkt ist praktisch farblos und erstarrt nach dem Abkühlen zu einem glasklaren Feststoff. Aus der noch zähflüssigen Substanz lassen sich Fäden ziehen.

Entsorgung:
Alle Produkte können zum Hausmüll gegeben werden. Polymilchsäure ist biologisch abbaubar.

Erfahrungen:
Zinkchlorid als Katalysator (*Remus*) sorgt für die Bildung eines optisch klaren, praktisch farblosen Produkts. Wichtig: Das stark hygroskopische Zinkchlorid muss noch wasserfrei sein. Man sollte daher die Vorratsflasche in einem zweiten Gefäß, das Silicagel enthält, aufbewahren (*Remus*).
Im Vergleich zum Einsatz früher vorgeschlagener Katalysatoren, wie Zink (*Köhler-Krützfeld*) oder Zinn(II)-chlorid (*Büttner*), ist eine Geruchsbelästigung bei Verwendung von Zinkchlorid kaum wahrnehmbar.

Erklärung:
Beim Erhitzen spaltet die Milchsäure als α-Hydoxycarbonsäure unter Bildung eines ringförmigen Lactids intermolekular Wasser ab:

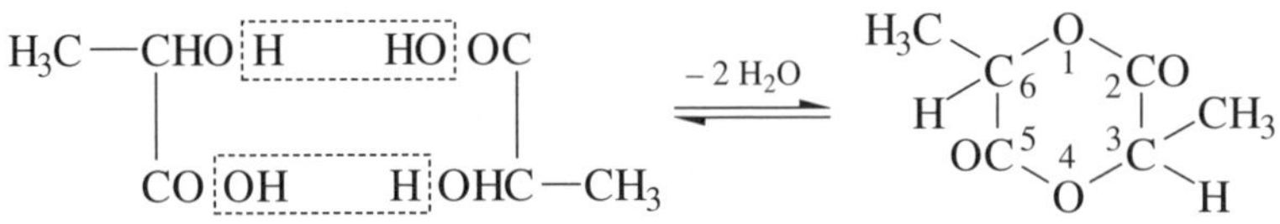

Milchsäure Lactid

Durch ringöffnende Polymerisation mit Zinkchlorid als Katalysator entsteht ein lineares Polylactid.
Schematisch:

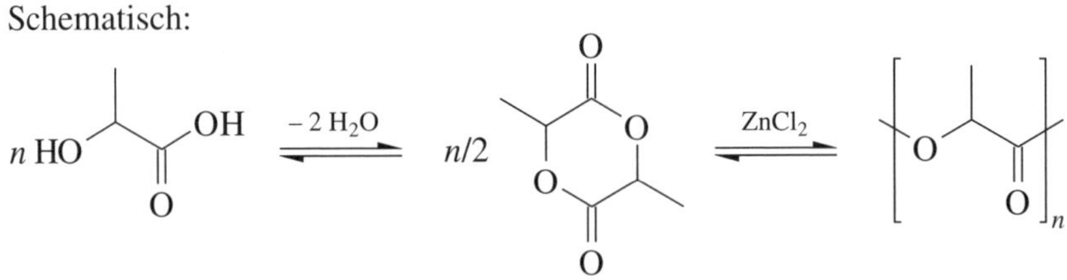

Milchsäure Lactid Polylactid

Die Anwendung von Polymilchsäure basiert auf ihrer biologischen Abbaubarkeit:
So dienen Fäden aus „Polymilchsäure" in der Medizin als Operationsfäden, die vom Körper allmählich hydrolysiert und resorbiert werden (Dauer: ca. 4 – 6 Monate). Im Reagenzglas lässt sich rückgebildete Milchsäure aus der wässrigen Aufschlämmung des Reaktionsprodukts bei Raumtemperatur mit einem Indikator erst nach mehreren Wochen nachweisen.

Literatur:

Beyer-Walter: Lehrbuch der organischen Chemie. 24. Auflage, Stuttgart 2004, S. 296

A. Köhler-Krützfeld: Medizin und Kunststoff – Fortschritt durch Polymere. PdN – Chemie in der Schule, 51 (2002), Heft 5, S. 2 – 5

M. Büttner, E. Wagner: Biologisch abbaubare Polymere. NiU Chemie 14 (2003), Heft 73: „Moderne Kunststoffe", S. 16 – 24

L. Remus: PLA aus Milchsäure – Ein Kurzversuch für die Sek. I. PdN – Chemie in der Schule 54 (2005), Heft 4, S. 44 – 47

www.google.de: Suche „Polymilchsäure"

Besondere Hinweise:

Milchsäure ist in der Apotheke erhältlich.

PM 6 Copolymerisation von Styrol mit Maleinsäureanhydrid

Geräte:
Messpipette, schwer schmelzbares Reagenzglas, Holzklammer, Reagenzglasgestell, Gasbrenner

Chemikalien:
Styrol, Maleinsäureanhydrid

Nr.	Substanzname	Gefahrensymbole	R-Sätze	S-Sätze	K M R_E R_F	VbF	Unterrichts-Einsatz
	Styrol	Xn	10-20-36/38	2-23		AII	°
	Maleinsäure-anhydrid	C	22-34-42/43	2-22-26-36/37/39-45			+

Durchführung:
Man erhitzt unter dem Abzug.
In ein Reagenzglas werden nacheinander eingefüllt:
Ca.1,5 cm^3 Maleinsäureanhydrid (ca. 0,02 mol), 1 bis 2 mL Styrol (0,01 bis 0,02 mol). Man erhitzt zunächst unter ständigem Umschütteln über kleiner Brennerflamme, bis eine klare Lösung entstanden ist und anschließend ebenso vorsichtig weitere 1 – 2 Minuten, bis das Gemisch zäh wird. Falls die Reaktion zu heftig wird, muss das Reaktionsgemisch kurzzeitig aus der Flamme genommen werden.

Beobachtung und Ergebnis:
Es bildet sich ein festes, farbloses Harz.

Entsorgung:
Das Reaktionsprodukt wird zum organischen Feststoffabfall gegeben.

Erklärung:
Es ist ein *alternierendes* Copolymerisat aus Styrol und Maleinsäureanhydrid entstanden. Technisch wird diese Polymerisation in Lösemitteln unter Zusatz eines Peroxids und Wärmezufuhr durchgeführt (wesentlich bessere Kontrolle der Reaktionsbedingungen). Zunächst entsteht aus Styrol und Malein-

säureanhydrid ein 1:1-Komplex: Durch Spuren von Verunreinigungen wird einerseits eine C–C-Bindung zwischen Styrol und Maleinsäureanhydrid gebildet und im „Styrol-Teil" des gebildeten Moleküls ein Radikal erzeugt (Start der Kettenreaktion). Dieses reagiert mit einem weiteren 1:1-Komplex (Kettenreaktion), wobei wiederum eine gleichartige Radikalspezies gebildet wird. Dadurch erklärt sich der streng alternierende Aufbau dieser Polymerkette. Ein Überschuss von Styrol führt zu Makromolekülen, die mit einem Polystyrolende abschließen. Diese Polymerisation verläuft im Vergleich zur Polymerisation aus dem Komplex wesentlich langsamer; sie tritt daher erst nach der alternierenden Polymerisation ein. Überschüssiges Maleinsäureanhydrid dagegen bleibt zurück, weil es zu reaktionsträge ist.
Polymerisationsgleichung:

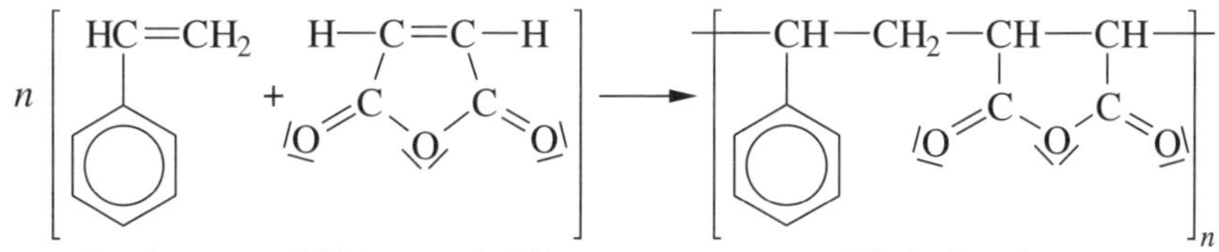

Literatur:

G. Rink: Studienbücher Chemie – Einführung in die Kunststoffchemie. Frankfurt am Main 1979, S. 193 – 194

D. Braun et al.: Praktikum der Makromolekularen Stoffe. Weinheim 1999, S. 210

R. T. Morrison, R. N. Boyd: Lehrbuch der Organischen Chemie. 2. Auflage, Weinheim 1978, S. 1115; zur Theorie der alternierenden Anordnung vgl. auch 3. Auflage, Weinheim 2007, S. 501

J. Falbe, M. Regitz: Römpp-Lexikon Chemie. Band 5, 10. Auflage. Stuttgart 1999, S. 4293

Besondere Hinweise:

Durch Verseifen mit Natronlauge und anschließender Neutralisation mit Salzsäure lassen sich aus dem Copolymerisat aus Styrol und Maleinsäureanhydrid polymere Säuren gewinnen (*Braun*, S. 301). Copolymere des Styrols mit anderen Komponenten haben in der Praxis große Bedeutung: Styrol-Butadien-Copolymere u. a. als Fahrzeugreifen, Styrol-Acrylnitril-Copolymere u. a. als Gerätegehäuse für Fernseher, Telefone und Verpackungen von Pharmazeutika und Kosmetika (vgl. z. B. *Römpp*).

PM 7 Entstabilisieren von Methacrylsäuremethylester

Geräte:
Scheidetrichter mit Stopfen, Glastrichter, Bechergläser

Chemikalien:
Methacrylsäuremethylester (stabilisiert), Natronlauge (w = 5 %), Natriumsulfat (wasserfrei)

Nr.	Substanzname	Gefahrensymbole	R-Sätze	S-Sätze	K M R_E R_F	VbF	Unterrichts-Einsatz
	Methacrylsäure-methylester Methylmethacrylat	Xi, F	11-36/37/38-43	2-24-37-46		AI	°
	Natriumhydroxid-Lösung w = 5 %	C	35	1/2-26-37/39-45			+
818	Natriumsulfat wasserfrei						SI

Durchführung:
Ein Scheidetrichter wird mit stabilisiertem Methacrylsäuremethylester und Natronlauge (w = 5 %) im Volumenverhältnis 2:1 beschickt, z. B. für einen Demonstrationsversuch mit 200 mL Ester und 100 mL Natronlauge. Der Scheidetrichter wird mit dem Stopfen verschlossen und der Inhalt gut durchgeschüttelt.
Man wartet die Trennung der Schichten ab und lässt anschließend die untere Schicht in das Becherglas ablaufen; die verbleibende obere Schicht wird mehrmals mit festem Natriumsulfat durchgeschüttelt und jeweils in ein Becherglas abgelassen, bis sie völlig klar ist.

Beobachtung und Ergebnis:
Beim Durchmischen der beiden Flüssigkeiten färbt sich die Natronlauge braun, da sie den Stabilisator aus dem Methylmethacrylat aufnimmt. Aufgrund der kleineren Dichte ($\rho_{MMA} = 0{,}94\ g \cdot cm^{-3}$; $\rho_{NaOHaq} > 1\ g \cdot cm^{-3}$) bil-

det Methylmethacrylsäureester die obere Schicht. Wasserfreies Natriumsulfat dient als Trockenmittel.

Entsorgung:

Die stabilisatorhaltige Natronlauge kommt in das Gefäß für organische Lösemittel, Natriumsulfat-Reste können dem Hausmüll beigegeben werden; der Ester wird zur Polymerisation verwendet.

Erklärung:

Stabilisatoren wirken als Inhibitoren von Kettenreaktionen, z. B. nach:

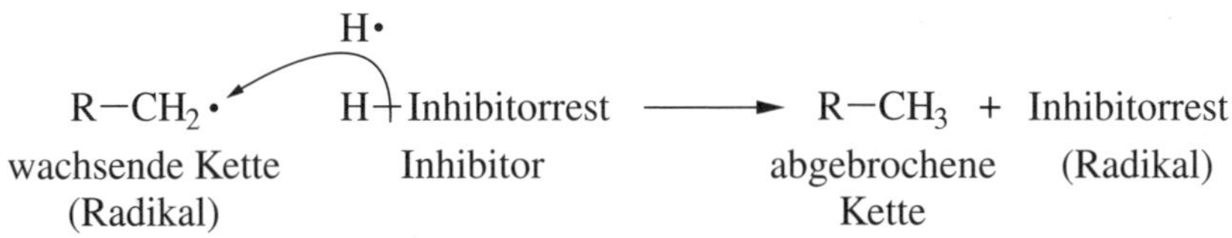

Die Funktion der Stabilisatoren bezüglich polymerisationsfähiger Monomerer beruht auf ihrer Wirkung als „Radikalfänger". Die dabei entstehenden Inhibitorradikale sind so reaktionsträge, dass sie nicht als Kettenstarter wirken können. Die häufig benutzte Bezeichnung für Stabilisatoren/Inhibitoren als „negative Katalysatoren" ist fachlich nicht richtig, da diese – im Gegensatz zu Katalysatoren – bei einer Reaktion verbraucht werden. Für Monomere werden meist Phenolderivate als Stabilisatoren verwendet.

Literatur:

G. Rink: Einführung in die Kunststoffchemie. Frankfurt am Main, Aarau 1979, S. 188 – 189

R. T. Morrison, R. N. Boyd: Lehrbuch der Organischen Chemie, 3. Auflage. Weinheim 1986, S. 64 und S. 42

Besondere Hinweise:

Es bietet sich hier folgender Versuch nach Anleitung von PM 1 an:
Man vergleicht die Polymerisationsgeschwindigkeit von *frisch* entstabilisiertem Methylmethacrylat mit derjenigen von stabilisiertem Methacrylsäuremethylester.
Ergebnis: *Frisch* entstabilisierter Ester polymerisiert deutlich rascher als stabilisiertes Methylmethacrylat; liegt die Entstabilisierung einige Zeit zurück, ist häufig kein Unterschied in der Reaktionsgeschwindigkeit feststellbar. Vermutliche Ursache: Zwischenzeitlich aufgenommener Sauerstoff wirkt als Inhibitor.

PK 1

Grenzflächenkondensation von Sebacinsäuredichlorid und 1,6-Diaminohexan

Geräte:

Waage, Messzylinder (50 mL), Messpipette (5 mL), Becherglas (100 mL, hohe Form), Pinzette, Glastrichter, Holzstab

Chemikalien:

Sebacinsäuredichlorid, 1,6-Diaminohexan, n-Heptan, Natriumhydroxid, Phenolphthaleinlösung, Wasser

Nr.	Substanzname	Gefahrensymbole	R-Sätze	S-Sätze	K M R_E R_F	VbF	Unterrichts-Einsatz
	1,6-Diaminohexan Hexamethylendiamin	C	21/22-34-37	1-2-22-26-36/37/39-45			+
	n-Heptan	F, Xn, N	11-38-50/53-65-67	2-9-16-29-33-60-61-62		AI	+
	Natriumhydroxid	C	35	1/2-26-37/39-45			+
907	Phenolphtalein						SI
	Sebacinsäure-dichlorid Sebacoylchlorid	C	34-37	26-36/37/39-45			+

Durchführung:

Das Experiment wird mit Schutzhandschuhen und unter dem Abzug ausgeführt.

Man beschickt das Becherglas mit 0,55 g (4,7 mmol) 1,6-Diaminohexan in 45 mL Wasser und löst darin 2 Plätzchen (10,0 mmol) festes Natriumhydroxid; anschließend setzt man einige Tropfen Phenolphthaleinlösung zu. Mit Hilfe des Trichters überschichtet man *vorsichtig* mit einer Lösung von 1 mL (4,7 mmol) Sebacinsäuredichlorid in 20 mL n-Heptan.

Beobachtung und Ergebnis:

An der Grenzfläche der beiden Lösungen entsteht eine weißlich-trübe Haut; mit Hilfe einer Pinzette lässt sich diese langsam anheben und zu einem Faden von mehreren Metern Länge ausziehen, der auf einem Holzstab aufgerollt werden kann. Die Intensität der Purpurfarbe der unteren Schicht nimmt allmählich ab.

Entsorgung:

Der Faden kann in den Hausmüll; Reste der n-Heptanlösung entsorgt man in das Gefäß mit organischen Lösemitteln, Reste der wässrigen Natronlauge werden neutralisiert und dem Abwasser zugegeben.

Erfahrungen:

Das Abheben der Haut mit der Pinzette muss sehr vorsichtig erfolgen, damit der Faden nicht abreißt; am besten wartet man nach dem Überschichten 2 – 3 Minuten, bevor man den Faden erfasst.

Erklärung:

Sebacinsäuredichlorid und 1,6-Diaminohexan kondensieren unter Abspaltung von Chlorwasserstoff zu einem Polyamid (Nylon-6,10). Der entstehende Chlorwasserstoff wird durch die Natronlauge neutralisiert; damit wird das Gleichgewicht ständig zugunsten der Polyamidbildung verschoben:

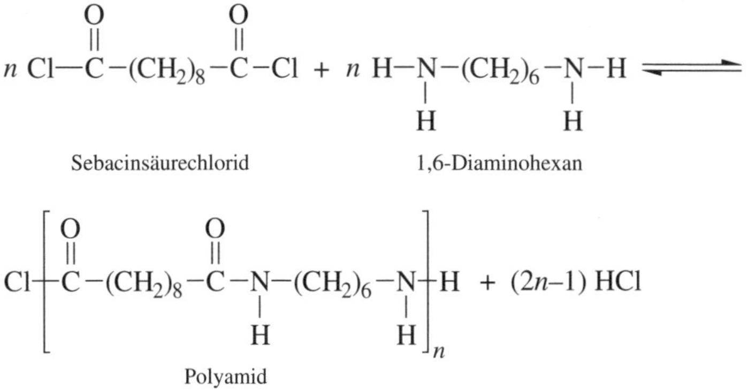

Literatur:

M. Müller: Kunststoffe aus Makromolekülen, Bayer Industry Services, Leverkusen. CD-ROM, aktualisierte Ausgabe 2005, Versuch Nr. 4, S. 125 – 126

Besondere Hinweise:

Dieser Versuch ist bekannt unter dem Namen „Nylon-Seil-Trick“.

PK 2

Polykondensation von Resorcin und Propionaldehyd

Geräte:

Spatel, Messpipette (5 – 10 mL), Tropfpipette, Reagenzglas, Reagenzglasgestell, Brenner

Chemikalien:

Resorcin, Propionaldehyd, Salzsäure ca. 32 %

Nr.	Substanzname	Gefahrensymbole	R-Sätze	S-Sätze	K M R_E R_F	VbF	Unterrichts-Einsatz
	Resorcin 1,3-Dihydroxybenzol	Xn, N	22-36/38-50	2-26-61			+
947	Propionaldehyd Propanal	Xi, F	11-36/37/38	2-9-16-29		AI	SI
	Salzsäure 32 %	C	34-37	1/2-26-45			+

Durchführung:

In das trockene Reagenzglas werden 2 Spatelspitzen Resorcin gegeben. Mit Hilfe einer Pipette fügt man das gleiche Volumen an Propionaldehyd hinzu und erwärmt kurzzeitig, bis eine klare Lösung entstanden ist.

Danach kühlt man das Reagenzglas mit dem Reaktionsgemisch, zur Zeitersparnis unter fließendem Wasser, auf Zimmertemperatur ab und stellt es in das Reagenzglasgestell. Erst dann setzt man aus der Tropfpipette *einen* Tropfen ca. 32 %ige Salzsäure zu.

Vorsicht, Reaktion kann heftig ablaufen!

Beobachtung und Ergebnis:

In einer momentanen, stark exothermen Reaktion bildet sich zunächst ein klebriges Produkt, das sehr rasch zu einem weißgelblichen, porösen Feststoff erstarrt.

Entsorgung:

Das Reagenzglas mit Inhalt wird dem organischen Feststoffabfall übergeben.

Erklärungen:

Dieses Experiment kann an die Stelle des früher üblichen Schülerversuchs zur Herstellung eines Phenoplasten aus Phenol und Formaldehyd treten.

Aus Resorcin und Propionaldehyd entsteht ebenfalls ein Phenoplast. Vermutlich ist auch der Ablauf der Reaktionen identisch (elektrophile Substitution S_E).

Die positive Polarisierung des C-Atoms der Carbonylgruppe des Propionaldehyds wird durch Zugabe von H^+ als Katalysator (aus HCl_{konz}) verstärkt:

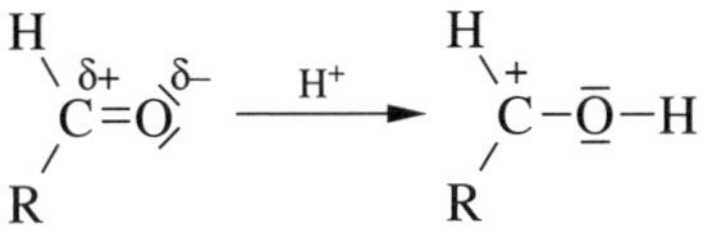

$R = C_2H_5$

Damit ist der elektrophile Angriff an einem C-Atom, das sich in o- oder p-Stellung zu einer OH-Gruppe des Resorcins befindet, erleichtert; es bildet sich z. B. die Zwischenverbindung I:

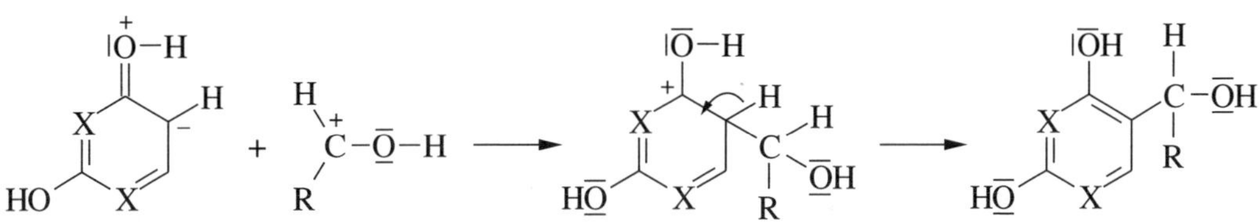

I

Die gleiche Reaktion, ausgehend von der entsprechenden Grenzstruktur, kann in o- und/oder p-Stellung zu jeder der beiden OH-Gruppen des Resorcins stattfinden.

I reagiert mit Resorcin unter Abspaltung von Wasser zur Zwischenverbindung II:

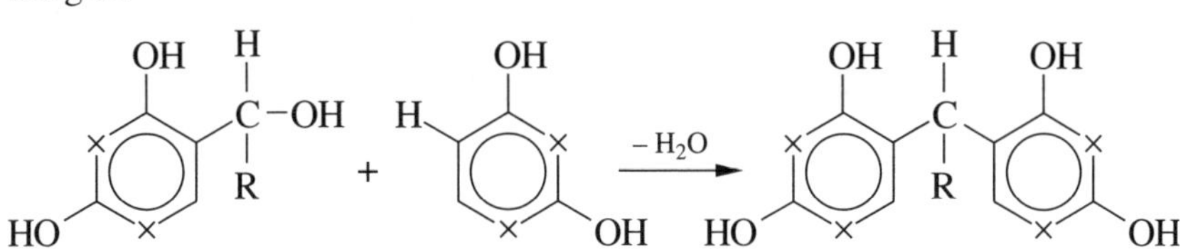

I Resorcin II

× ≙ reaktionsfähige Stelle (s. o.)

II kann in o- und/oder p-Stellung zu einer OH-Gruppe in alternierender Folge mit Propionaldehyd und Resorcin unter Abspaltung von Wasser zum dreidimensionalen Phenoplastmolekül polykondensieren:

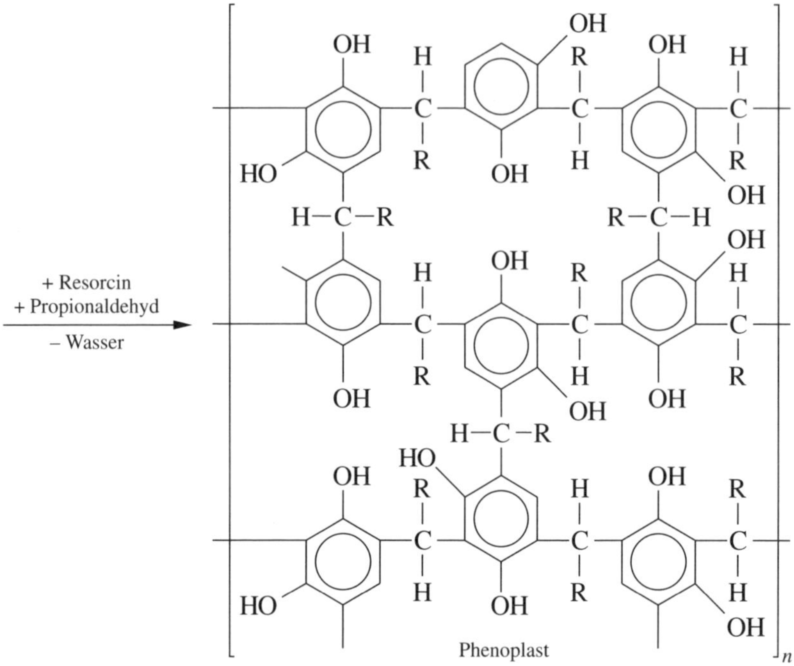

Literatur:

F. W. Dorst: PdN 1971, S. 192; ref. in *W. Franck* et al.: Henniger-Franck – Lehrbuch der Chemie, Bemerkungen, Hinweise. 1. Aufl., Stuttgart 1972, S. 45

Besondere Hinweise:

Dieser Versuch ist in zweifacher Hinsicht von Bedeutung:

1. Bei dieser Polykondensation wird das im Schülerversuch nicht mehr zugelassene Methanal durch Propanal ersetzt, so dass man auf die rasche und sichere Gewinnung eines Phenoplasten im Schülerversuch nicht verzichten muss.
2. An dieser Reaktion lässt sich der exotherme Verlauf von Polykondensationen beispielhaft demonstrieren.

Polykondensation von Glycerin und Bernsteinsäure

Geräte:
Waage, Spatel, Pipette, schwer schmelzbares Reagenzglas, Glas- oder Holzstab (Schaschlikspieß), Holzklammer, Gasbrenner, evtl. Pinzette

Chemikalien:
Glycerin, Bernsteinsäure, selbst hergestelltes Kupfer(II)-sulfat-Papier als Wasserindikator

Nr.	Substanzname	Gefahrensymbole	R-Sätze	S-Sätze	K M R_E R_F	VbF	Unterrichts-Einsatz
502	Glycerin wasserfrei Propantriol						SI
	Bernsteinsäure Butandisäure	Xi	36	26			+
651	Kupfer(II)-sulfat $CuSO_4 \cdot 5H_2O$	Xn, N	22-36/38-50/53	2-22-60-61			SI

Durchführung:
Unter dem Abzug arbeiten (evtl. Geruchsbelästigung)!
Versuch 1: Herstellung des Wasserindikatorpapiers:
Ein Stück weißes Filterpapier wird mit konzentrierter Kupfer(II)-sulfat-Lösung getränkt und entweder im Trockenschrank für eine Stunde bei ca. 120 °C oder *vorsichtig* über der schwachen Gasflamme getrocknet. Das trockene Papier muss fast weiß aussehen; Schwarzfärbung (Bildung von Kupfer(II)-oxid) zeigt an, dass zu stark erhitzt wurde. Das Papier ist dann als Wasserindikator unbrauchbar.
Versuch 2: Herstellung des Polyesters:
In das trockene Reagenzglas werden zunächst 3,5 g Bernsteinsäure eingefüllt; man überschichtet mit 1 mL Glycerin, mischt mit dem Glas- bzw. Holzstab durch und erhitzt vorsichtig mit entleuchteter Flamme unter ständigem Schütteln ca. 5 min lang. Dabei wird das Reagenzglas fast waagerecht gehalten. Zwischendurch prüft man die entweichenden Dämpfe mit Wasserindikatorpapier.

Beobachtung und Ergebnis:

Zunächst entsteht eine klare Lösung, die allmählich zähflüssig wird und schließlich zu einem weißen bis gelblichen, blasigen Feststoff erstarrt. Das Wasserindikatorpapier ändert seine Farbe: Das weißgraue Kupfer(II)-sulfat-Papier wird bläulich. Es lassen sich keine Fäden ziehen.
Beide Edukte sind wasserlöslich, das Produkt nicht.

Entsorgung:

Das Reagenzglas mit Inhalt kann dem Hausmüll übergeben werden; das Wasserindikatorpapier lässt sich im Trockenschrank regenerieren.

Erklärungen:

Aus Bernsteinsäure und Glycerin ist unter Abspaltung von Wasser ein Polyester entstanden.

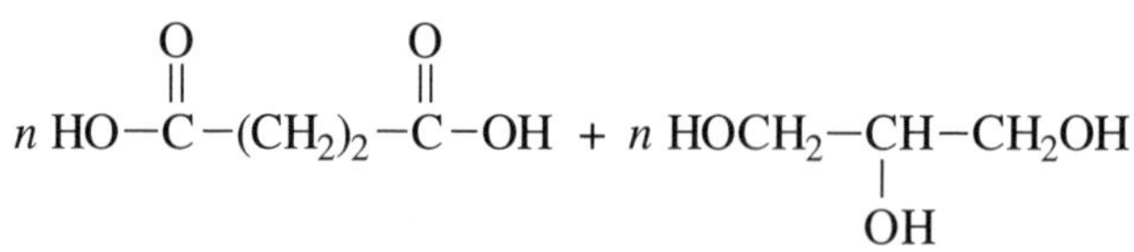

Bernsteinsäure Glycerin

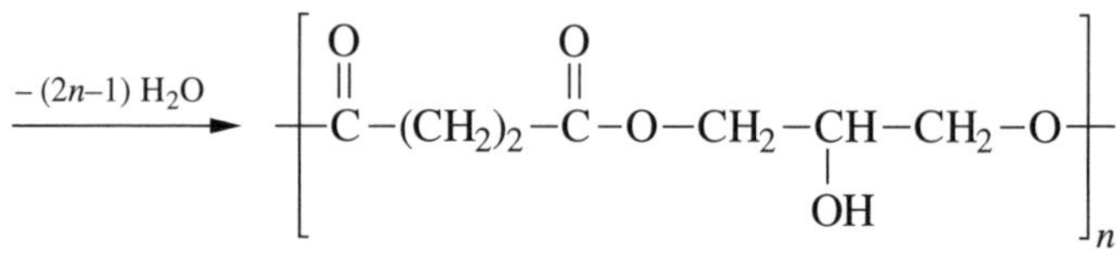

Vernetzung:

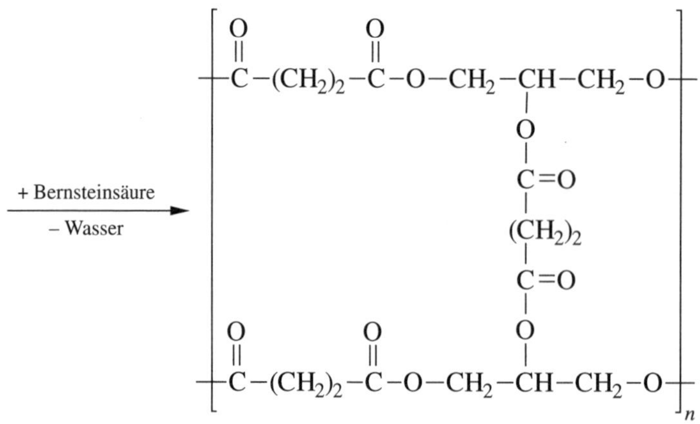

Das abgespaltene Wasser wird durch die Farbänderung des Wasserindikatorpapiers nachgewiesen.
Aus Gründen der Übersicht sind hier die Reaktionsgleichungen für die lineare und die räumliche Polykondensation nacheinander aufgeführt; in der Realität laufen beide Vorgänge gleichzeitig ab.

Literatur:

W. Eisner et al.: Elemente Chemie II – Unterrichtswerk für die Sekundarstufe II. 1. Aufl., Stuttgart 2000, S. 386

Besondere Hinweise:

Der Versuch lässt sich ohne weiteres mit der Hälfte der angegebenen Portionen durchführen.

PK 4 Polykondensation von Glycol und Phtalsäureanhydrid

Geräte:

Waage, Spatel, Messpipette (1 – 2 mL), Reagenzglas, Reagenzglasgestell, Holzklammer, Gasbrenner

Chemikalien:

Glycol, Phthalsäureanhydrid, Siedestein, Wasserindikatorpapier, z. B. selbst hergestelltes Kupfer(II)-sulfat-Papier (vgl. PK 3)

Nr.	Substanzname	Gefahrensymbole	R-Sätze	S-Sätze	K M R_E R_F	VbF	Unterrichts-Einsatz
	Glycol Ethandiol	Xn	22	2			+
	Phthalsäure-anhydrid	Xn	22-37/38-41-42/43	2-23-24/25-26-37/39-46			+

Durchführung:

Es empfiehlt sich, unter dem Abzug zu arbeiten (evtl. Geruchsbelästigung). In das trockene Reagenzglas werden zunächst 1,5 g Phthalsäureanhydrid eingefüllt und mit 1 mL Glycol überschichtet. Dann wird mit entleuchteter Flamme vorsichtig erwärmt, bis eine klare Lösung entstanden ist. Man fügt einen Siedestein hinzu und erhitzt das Reaktionsgemisch im schräggehaltenen Reagenzglas unter ständigem Schütteln für ca. 5 min zum schwachen Sieden; dabei wird ein Streifen Wasserindikatorpapier in den Dampfraum gehängt.

Beobachtung und Ergebnis:

Es entsteht zunächst eine farblose, klare Lösung. Beim weiteren Erhitzen wird diese gelblich bis dunkelbraun und zähflüssig. Beim Abkühlen erstarrt sie zu einem Feststoff, der beim Erwärmen wieder flüssig wird.
Die entsprechende Farbänderung des Wasserindikatorpapiers zeigt die Abgabe von Wasser an.

Entsorgung:

Das Reagenzglas mit Inhalt kann zum Hausmüll gegeben werden; das Wasserindikatorpapier lässt sich im Trockenschrank regenerieren.

Erklärung:

Es ist ein linearer Polyester entstanden:

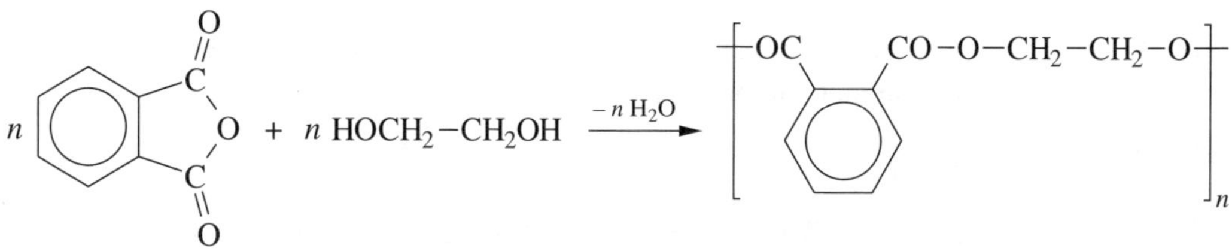

Phthalsäureanhydrid — Glycol — Polyester

An dem gebildeten Polyester können keine Vernetzungsreaktionen stattfinden; er verhält sich daher als Thermoplast.

Literatur:

M. Sternberg: Die PET-Flasche – ein Projekt zum Thema „Kunststoffe im Alltag“. chemie aktuell, Kopiervorlagen und Materialien, Heft 1. Klett-Verlag, Stuttgart 2001, S. 45

PK 5 Polykondensation von Glycerin und Phtalsäureanhydrid

Geräte:

Waage, Spatel, Messpipette (1 – 2 mL), Reagenzglas, Reagenzglasgestell, Holzklammer, Gasbrenner

Chemikalien:

Glycerin, Phthalsäureanhydrid, Siedestein, Wasserindikatorpapier, z. B. selbst hergestelltes Kupfer(II)-sulfat-Papier (vgl. PK 3)

Nr.	Substanzname	Gefahrensymbole	R-Sätze	S-Sätze	K M R_E R_F	VbF	Unterrichts-Einsatz
502	Glycerin wasserfrei Propantriol						SI
	Phthalsäure-anhydrid	Xn	22-37/38-41-42/43	2-23-24/25-26-37/39-46			+

Durchführung:

Es empfiehlt sich, unter dem Abzug zu arbeiten (evtl. Geruchsbelästigung); bei beiden Versuchsteilen kann man einen Streifen Wasserindikatorpapier in den Dampfraum hängen.

Versuchsteil 1:

In das trockene Reagenzglas werden zunächst 1,5 g Phthalsäureanhydrid eingefüllt und mit 1 mL Glycerin überschichtet. Dann wird mit entleuchteter Flamme vorsichtig erwärmt, bis eine klare Lösung entstanden ist, die beim weiteren behutsamen Erhitzen zähflüssiger wird. Man nimmt das Reagenzglas aus der Flamme und lässt abkühlen.
Das abgekühlte Reaktionsprodukt wird erneut erwärmt. Beobachtung?

Versuchsteil 2:

Man fügt einen Siedestein zum Produkt aus Versuchsteil 1 hinzu und erhitzt das schräg gehaltene Reagenzglas unter ständigem Schütteln für ca. 5 min zum schwachen Sieden. Danach lässt man abkühlen und erwärmt das abgekühlte Reaktionsprodukt erneut. Beobachtung?

Beobachtung und Ergebnis:

Versuchsteil 1:

Es entsteht zunächst eine farblose, klare Lösung. Beim weiteren Erhitzen wird das Reaktionsgemisch gelblich und zähflüssig, nach dem Abkühlen fest, beim erneuten Erwärmen wieder zähflüssig, d. h. das Produkt aus Versuchsteil 1 zeigt thermoplastisches Verhalten (vgl. Reaktionsgleichung 1).

Versuchsteil 2:

Beim weiteren Erhitzen entsteht ein dunkelbrauner Feststoff, der sich nach dem Abkühlen nicht wieder durch Erwärmen verflüssigen lässt, d. h. das Produkt zeigt duroplastisches Verhalten (vgl. Reaktionsgleichung 2).

In beiden Versuchsteilen zeigt die entsprechende Farbänderung des Wasserindikatorpapiers die Abgabe von Wasser an.

Entsorgung:

Das Reagenzglas mit Inhalt kann zum Hausmüll gegeben werden; das Wasserindikatorpapier lässt sich im Trockenschrank regenerieren.

Erklärung:

Versuchsteil 1:

Zunächst entsteht ein lineares Polyestermolekül aus Glycerin und Phthalsäureanhydrid, das thermoplastisches Verhalten aufweist:

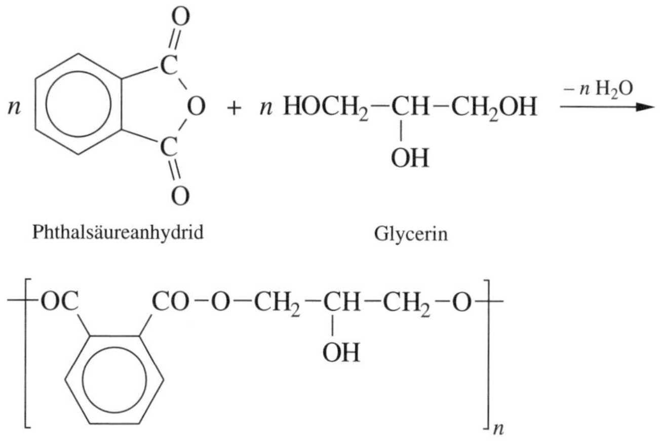

Versuchsteil 2:

Beim weiteren Erhitzen des dünnflüssigen Polyesters bilden sich unter Selbstkondensation mit Phthalsäureanhydrid harte, vernetzte Produkte, die als „Einbrennlacke", z. B. in der Autoindustrie, Verwendung finden:

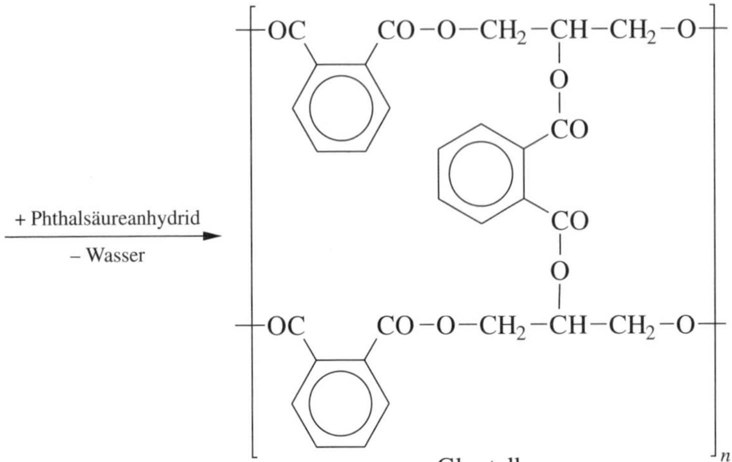

Glyptalharz

Durch die Vernetzung entsteht ein Duroplast.
Polykondensate von Glycerin mit Phthalsäureanhydrid werden als Glyptalharze bezeichnet. Im branchenüblichen „Fachjargon“ rechnet man sie den Alkydharzen zu, obwohl sie lt. Definition nach DIN 55 945 (Okt. 1973) nicht zu diesen gehören.

Literatur:

M. Sternberg: Die PET-Flasche – ein Projekt zum Thema „Kunststoffe im Alltag“. chemie aktuell, Kopiervorlagen und Materialien, Heft 1. Klett-Verlag, Stuttgart 2001, S. 45

D. Braun et al.: Praktikum der Makromolekularen Stoffe. Weinheim 1999, S. 241 – 242

Beyer – Walter: Lehrbuch der Organischen Chemie. 24. Auflage. Stuttgart 2004, S. 329 – 330

Besondere Hinweise:

Der Unterschied zwischen thermoplastischem und duroplastichem Verhalten von Makromolekülen lässt sich hier gut demonstrieren. Im Anschluss an Versuch PK 5 empfiehlt sich die Darstellung eines Alkydharzes (Versuch PK 6).

Polykondensation von Glycerin, Phthalsäureanhydrid und ungesättigten Fettsäuren

Geräte:

Waage, Spatel, Pipette, schwer schmelzbares Reagenzglas, Holzklammer, Gasbrenner, 2 Objektträger

Chemikalien:

Glycerin, Phthalsäureanhydrid, Linolsäure oder Leinöl, Siedestein.

Nr.	Substanzname	Gefahrensymbole	R-Sätze	S-Sätze	K M R_E R_F	VbF	Unterrichts-Einsatz
502	Glycerin wasserfrei						SI
	Phthalsäure-anhydrid	Xn	22-37/38-41-42/43	2-23-24/25-26-37/39-46			+

Linolsäure und Leinöl sind lt. Gefahrstoff-Verordnung unbedenklich und können in SI eingesetzt werden.

Durchführung:

Es empfiehlt sich, unter dem Abzug zu arbeiten (evtl. Geruchsbelästigung). In das trockene Reagenzglas werden zunächst 3 g Phthalsäureanhydrid eingefüllt; man überschichtet mit 3 mL Glycerin und fügt entweder 0,5 bis 1 mL Leinöl *oder* die gleiche Portion an Linolsäure hinzu und versetzt die Mischung mit einem Siedestein. Anschließend wird mit entleuchteter Flamme unter ständigem, leichtem Schütteln 8 bis 10 min erhitzt. Dabei sollte das Reagenzglas waagerecht gehalten werden. Eine Probe des zähflüssigen Reaktionsgemischs wird nach dem Erkalten auf einen Objektträger gegossen.

Beobachtung:

Der Zusatz von Leinöl bewirkt das Entstehen eines bräunlichen, rasch erstarrenden Stoffes; mit Linolsäure hingegen bildet sich ein farbloses, zähes Produkt, das erst nach einigen Tagen aushärtet.

Ergebnis:

Es ist ein Alkydharz entstanden.

Während beim Erhitzen von Glycerin und Phthalsäureanhydrid durch „Selbstkondensation" rasch ein festes Glyptalharz entsteht, sorgt der Zusatz ungesättigter Fettsäuren für die Bildung von zähflüssigen Produkten, sog. (ungesättigten) Alkydharzen, die erst allmählich durch „Lufttrocknung" aushärten; Verwendung als „trocknende" Lacke und in „Ölfarben".

Entsorgung:
Glas und Kunststoffe können in den Hausmüll gegeben werden.

Erklärung:
Zunächst entsteht – analog zu PK 5 – ein lineares Polyestermolekül aus Glycerin und Phthalsäureanhydrid:

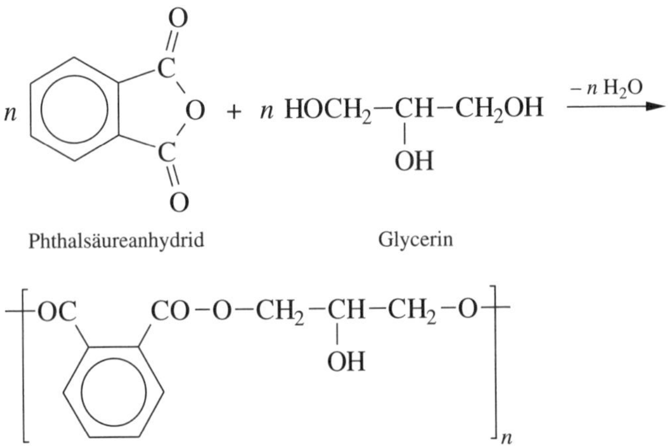

Ungesättigte Monocarbonsäuren, z. B. Linolsäure, verestern die freie OH-Gruppe des Glycerins und behindern somit die Selbstkondensation des Polyesters (siehe S. 67).

Prinzip der „Luftrocknung":
Bei der „Lufttrocknung" handelt es sich um eine chemische Reaktion, nicht um einen Vorgang des Austrocknens.
Bei der „Lufttrocknung" werden die Alkydharzmoleküle über ihre ungesättigten Monocarbonsäuren in den Seitenketten (in unserem Versuch durch die Linolsäure) über Kohlenstoff-Kohlenstoff-Bindungen miteinander vernetzt:
Dieser Vorgang läuft unter Einwirkung des Luftsauerstoffs, begünstigt durch Schwermetallverbindungen, über komplizierte, radikalische Mechanismen ab.
Beim „Lufttrocknen" entstehen aus den zähflüssigen Alkydharzen harte Produkte.

(Linolsäure = $H_2C-(CH_2)_4-CH{=}CH-CH_2-CH{=}CH-(CH_2)_7-COOH$)

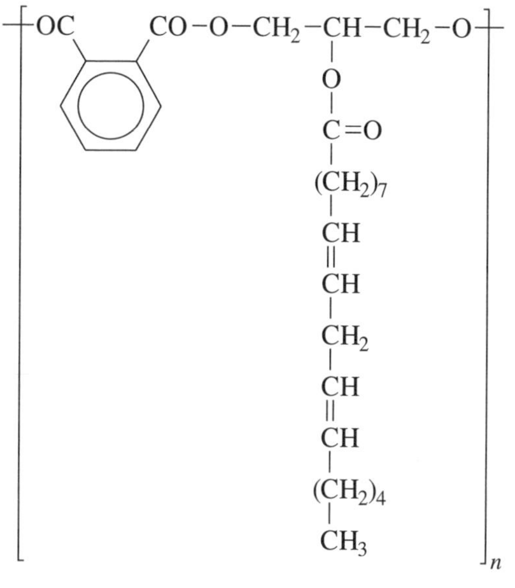

Literatur:

W. Eisner et al.: Elemente Chemie I, Ausgabe A. 2. Aufl., Stuttgart 1995, S. 347

H. Zander: Chemische Experimente in Klassenarbeiten und Klausuren. Praxis Schriftenreihe – Chemie, Bd. 45. Köln 1986, S. 72 – 73

D. Braun et al.: Praktikum der Makromolekularen Stoffe. Weinheim 1999, S. 242

J. Falbe, M. Regitz: Römpp-Lexikon Chemie. Band 6, 10. Auflage. Stuttgart 1999, S. 4680

Besondere Hinweise:

Aus Kostengründen könnte man den Einsatz der sehr teuren Linolsäure auf einen Demonstrationsversuch beschränken und die allgemeinen Schülerversuche mit dem preiswerteren Leinöl durchführen.

Leinöl enthält neben ca. 15 % Linolsäure weitere ungesättigte Fettsäuren und gemischte Glycerinester gesättigter und ungesättigter Fettsäuren.

PK 7

Polykondensation von Glycerin bzw. 1,4-Butandiol und Borsäure

Geräte:

Spatel, Pipette, schwer schmelzbares Reagenzglas, Holzklammer, Gasbrenner, dünner Holzspan

Chemikalien:

Borsäure, Glycerin oder 1,4-Butandiol; Siedestein

Nr.	Substanzname	Gefahrensymbole	R-Sätze	S-Sätze	K M R_E R_F	VbF	Unterrichts-Einsatz
201	Borsäure						SI
502	Glycerin wasserfrei Propantriol						SI
	1,4-Butandiol	Xn	22				+

Durchführung:

Schutzhandschuhe tragen.

In das trockene Reagenzglas füllt man mit dem Spatel ca. 1 cm hoch Borsäure ein und fügt mit der Pipette das gleiche Volumen an Glycerin *oder* 1,4-Butandiol hinzu. Nach Zugabe des Siedesteins wird das Gemisch durchgeschüttelt. Anschließend wird der Inhalt mit entleuchteter Flamme im fast waagerechten Reagenzglas unter ständigem leichtem Bewegen erhitzt, bis er gelblich bis dunkelgelb und etwas zähflüssig geworden ist; Dauer ca. 6 min. Nach dem Abkühlen zieht man mit Hilfe eines Holzspans Fäden aus dem Produkt und hält sie in die entleuchtete Flamme.

Beobachtung und Ergebnis:

In beiden Fällen entsteht ein zähes Produkt, aus dem sich kurze Fäden ziehen lassen. Sie verbrennen mit grüner Flamme. Das glycerinhaltige Produkt ist zäher und dunkler als das diolhaltige Produkt.

Entsorgung:

Die Reagenzgläser mit Inhalt und der Holzspan können dem Hausmüll übergeben werden.

Erklärungen:

Es sind Polyester entstanden.

Der Polyester aus Glycerin und Borsäure ist stärker vernetzt als der Polyester aus 1,4-Butandiol und Borsäure:

Polyester aus Glycerin und Borsäure:

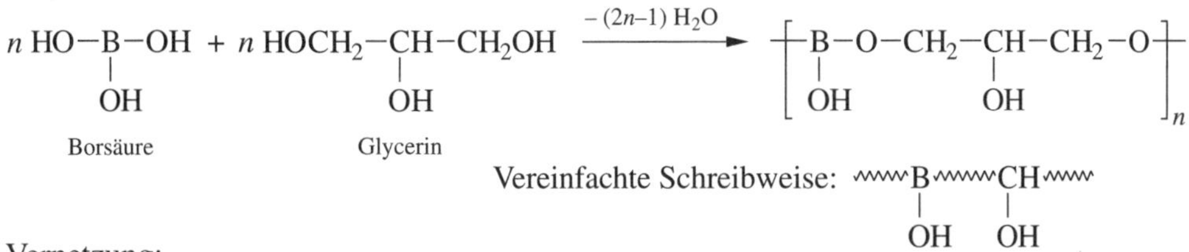

Vernetzung:

Beispiele für prinzipielle Möglichkeiten zur Vernetzung der Makromoleküle

1

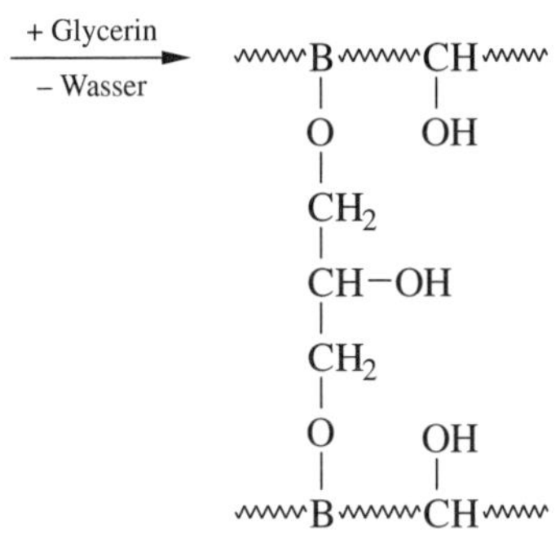

2

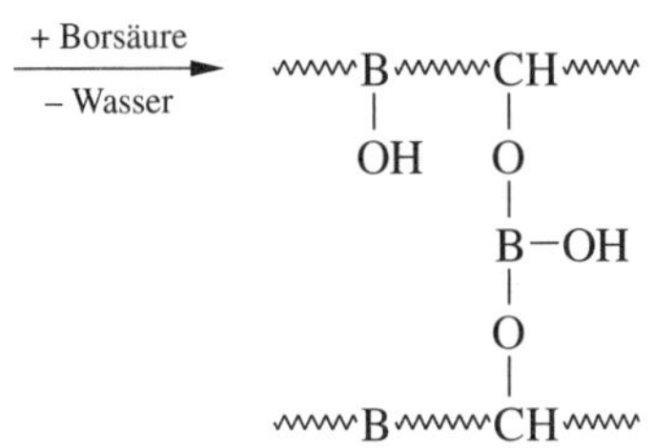

3

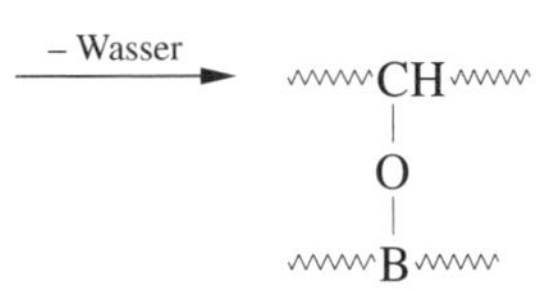

Polyester aus 1,4-Butandiol und Borsäure:

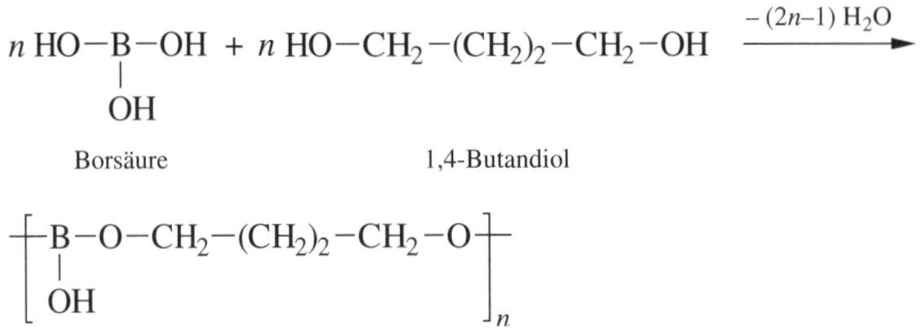

Vernetzung:

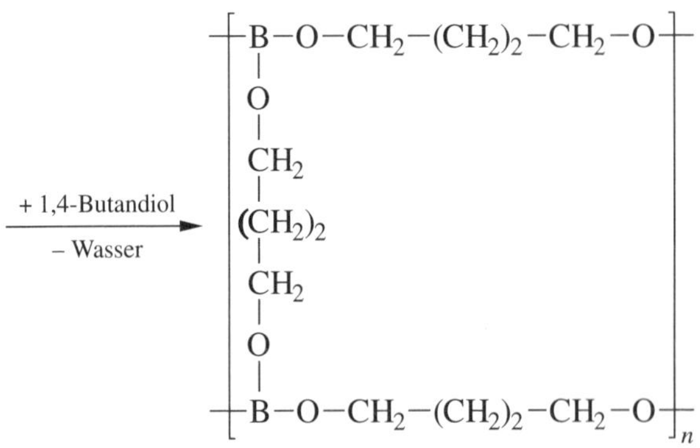

Die Grünfärbung der Flamme wird durch den Borgehalt der Polyester hervorgerufen.

Literatur:

W. Botsch et al.: Chemie in Versuch, Theorie und Übung. Band 2, Neubearbeitung. Frankfurt am Main 1995, S. 181 (Polyester aus Glycerin und Borsäure)
G. Rink: Studienbücher Chemie – Einführung in die Kunststoffchemie. Frankfurt am Main 1979, S. 181 (Polyester aus 1,4-Butandiol und Borsäure)

Besondere Hinweise:

In der Praxis haben borsäurehaltige Polyester bisher keine Bedeutung. Der Versuch wurde wegen der Grünfärbung der Flamme durch die Polyesterfäden aufgenommen.

Polykondensation von Glycerin und Citronensäure

PK 8

Geräte:

Reagenzglas, Glas- oder Holzstab (Schaschlikspieß), Pipette, Spatel, Reagenzglasklammer, Reagenzglasgestell, Brenner

Chemikalien:

Glycerin, Citronensäure (-Monohydrat), evtl. Kupfer(II)-sulfat-Papier als Wasserindikator (s. Besondere Hinweise)

Nr.	Substanzname	Gefahrensymbole	R-Sätze	S-Sätze	K M R_E R_F	VbF	Unterrichts-Einsatz
338	Citronensäure	Xi	36	24/25			SI
339	Citronensäure-Monohydrat	Xi	36	24/25			SI
502	Glycerin wasserfrei Propantriol						SI
651	Kupfer(II)-sulfat-Papier						SI

Durchführung:

In ein trockenes Reagenzglas werden ca. 0,5 cm^3 Citronensäure *oder* Citronensäure-Monohydrat eingefüllt.
Mit Hilfe der Pipette durchfeuchtet man die pulverförmigen Ausgangsstoffe mit Glycerin. Man erwärmt das Gemisch und hält es unter ständigem Schütteln für ca. 2 Minuten am Sieden.

Beobachtung und Ergebnis:

Citronensäure und Glycerin:
Es entsteht eine gelbliche, viskose Lösung, die nach dem Abkühlen zu einem praktisch farblosen Feststoff erstarrt. Während der zähflüssigen Phase lassen sich mit Hilfe eines Glas- oder Holzstabes gut Fäden daraus ziehen. Das frei gewordene Wasser weist man mit Hilfe von z. B. Kupfersulfat-Papier nach, das man während des Erhitzens an die Öffnung des Reagenzglases hält.

Citronensäure-Monohydrat und Glycerin:
Das Reaktionsgemisch schäumt stark auf; nach dem Abkühlen bleibt die Schaumstruktur im Feststoff erhalten. Im zähflüssigen Zwischenzustand lassen sich nur sehr kurze Fäden ziehen.
Ein Wassernachweis ist hier nicht sinnvoll.

Entsorgung:
Die Reagenzgläser mit Inhalt können zum Hausmüll gegeben werden.

Erfahrungen:
In unseren Versuchen wird mit einem Überschuss an Citronensäure-Komponente gearbeitet; dadurch lässt sich die Erhitzungsdauer des Reaktionsgemischs deutlich verkürzen. Die Eigenschaften der entstehenden Harze werden wesentlich verbessert: Es lassen sich längere Fäden (bis um 10 cm) ziehen. Das entstehende feste Harz ist farblos. Im Gegensatz dazu führt überschüssiges Glycerin zu gelbbraunen Harzen, die nur sehr kurze Fäden liefern.
Alle Edukte sind sehr gut wasserlöslich. Nach einiger Zeit lösen sich auch die Produkte in Wasser.

Erklärung:
Glycerin und Citronensäure (-Monohydrat) kondensieren unter Wasseraustritt zu einem Polyester.
Da die Citronensäure zu den Tricarbonsäuren und das Glycerin zu den dreiwertigen Alkoholen zählt, ist der Polyester vernetzt.
Beispiel einer Bildungsmöglichkeit des linearen Polyesters (siehe S. 73).
Die Kondensation kann auch an der mittelständigen Carboxylgruppe der Citronensäure bzw. der Hydroxylgruppe des Glycerins am sekundären Kohlenstoffatom stattfinden.
Die Vernetzung der linearen Polyestermoleküle erfolgt über die freie Carboxylgruppe der Citronensäure oder über die restliche Hydroxylgruppe des Glycerins bzw. der Citronensäure; in allen Fällen handelt es sich um eine Veresterung.

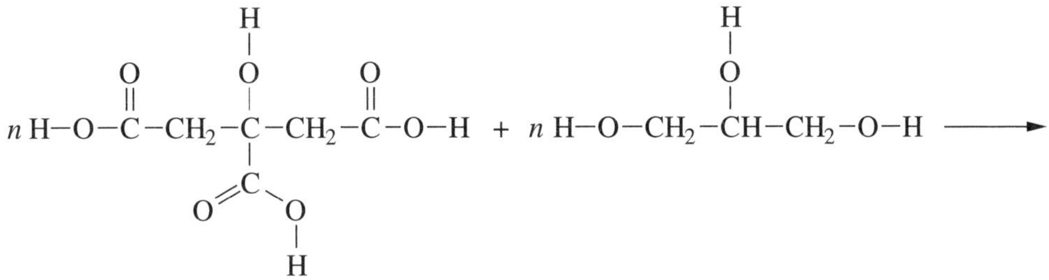

Citronensäure Glycerin

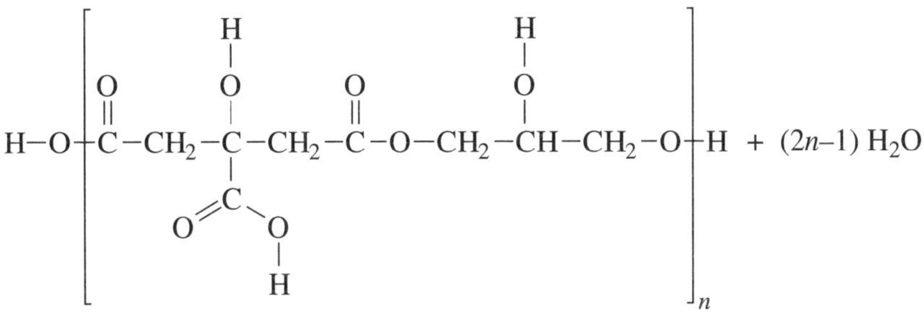

Polyester (unvernetzt)

Literatur:

Skript zur Regionalen GDCh-Fortbildung für Chemielehrerinnen und -lehrer an der Universität Bremen am 10. 12. 1998. Redaktion *A. Steinweg, V. Woest*, Fachdidaktik Chemie. Experiment 14

Besondere Hinweise:

Glycerin und Citronensäure (-Monohydrat) sind in der Drogerie oder in der Apotheke erhältlich.

Herstellung und Reaktion von Kupfer(II)-sulfat-Papier als Wasserindikator sind im Versuch PK 3 beschrieben.

PK 9 Polykondensation von D-Sorbit und Citronensäure

Geräte:
(Evtl.) Waage, Reagenzglas (schwer schmelzbar), Spatel, Gasbrenner

Chemikalien:
D-Sorbit, Citronensäure (-Monohydrat)

Nr.	Substanzname	Gefahrensymbole	R-Sätze	S-Sätze	K M R_E R_F	VbF	Unterrichts-Einsatz
338	Citronensäure	Xi	36	24/25			SI
339	Citronensäure-Monohydrat	Xi	36	24/25			SI

D-Sorbit (Hauptbestandteil der Diätsüße) ist weder in der Soester Liste noch in der aktuellen Gefahrstoffliste aufgeführt (s. Besondere Hinweise).

Durchführung:
Im Reagenzglas werden Sorbit und Citronensäure (-Monohydrat) im Volumenverhältnis 1:1 vermischt, z. B. je ein gehäufter Spatel (lt. Originalliteratur kommen auf 2,6 g Sorbit 3 g Citronensäure-Monohydrat).
Das Reaktionsgemisch wird über kleiner Flamme langsam erhitzt, bis eine klare Schmelze entstanden ist (Fp_{Sorbit} = 110 °C; $Fp_{Citronensäure}$ = 153 °C; $Fp_{Citronensäure\text{-}Monohydrat}$ = 135 °C). Man erwärmt vorsichtig weiter, bis eine Schaumbildung einsetzt und die Schmelze zähflüssig wird. Danach lässt man abkühlen.

Beobachtung und Ergebnis:
Den Beginn der Reaktion erkennt man an der Schaumbildung. Dabei werden das Kristallwasser des Citronensäure-Monohydrats und das bei der Polykondensation entstehende Wasser freigesetzt. Temperaturen > 175 °C bewirken die thermische Zersetzung auch der Citronensäure unter Abspaltung von Wasser. Das Reaktionsprodukt ist gelblich und glasartig.
Die Edukte sind wasserlöslich, das Produkt hingegen nicht.

Entsorgung:
Das Reaktionsprodukt kann in den Hausmüll gegeben werden.

Erklärung:

Aus dem 6-wertigen Alkohol D-Sorbit und der Tricarbonsäure Citronensäure entsteht unter Austritt von Wasser ein vernetzter, 3-dimensionaler Polyester. Das Stoffmengenverhältnis der beiden Stoffe beträgt in diesem Versuch 1:1:

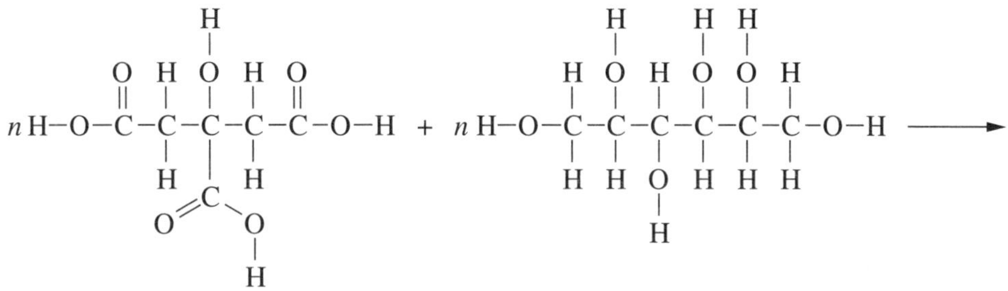

Citronensäure D-Sorbit

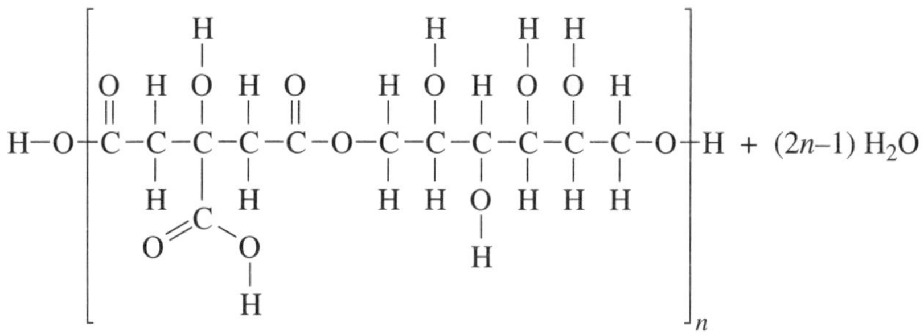

Polyester (unvernetzt)

Obwohl D-Sorbit insgesamt über 6 Hydroxylgruppen verfügt, ist aus räumlichen Gründen die Polykondensation an den Kohlenstoffatomen C_1 und C_6 am wahrscheinlichsten. Die Vernetzung der Makromoleküle kann über die freie Carboxylgruppe der Citronensäure oder über die restlichen Hydroxylgruppen des D-Sorbits und der Citronensäure erfolgen; in allen Fällen findet eine Veresterung statt.

D-Sorbit kommt in den Früchten der Eberesche (Vogelbeerbaum) und im Weißdorn vor, Citronensäure in Zitronen.

Literatur:

H. J. Bader/H. Sommerfeld/P. Haas: Nachwachsende Rohstoffe (Beiheft zum Experimentierset). Veröffentlicht bei Hedinger (Lehrmittel), Stuttgart 1995, Versuch Nr. 17

Besondere Hinweise:

Der Versuch lässt sich mit dem Monohydrat der Citronensäure und mit wasserfreier Citronensäure durchführen.

Bezugsquelle für (reinen) Sorbit sind z. B. Apotheken; die handelsüblichen Diätsüßen enthalten heute weitere Zusatzstoffe, die sie für diesen Versuch ungeeignet machen.

Citronensäure (-Monohydrat) kann man ebenfalls über Apotheken oder Drogerien beziehen.

Oxidative Bildung von Polypyrrol

PK 10

Geräte:
Waage, 2 Reagenzgläser, 2 Pipetten, 2 Kristallisierschalen, 2 Filterpapiere (Durchmesser ca. 7 cm), Pinzette, Reagenzglasgestell; Universalmessgerät (Messbereich 10^6 Ohm), Föhn

Chemikalien:
Eisen(III)-chlorid ($FeCl_3 \cdot 6\ H_2O$), Wasser, Pyrrol, 2-Propanol

Nr.	Substanzname	Gefahrensymbole	R-Sätze	S-Sätze	K M R_E R_F	VbF	Unterrichts-Einsatz
	Eisen(III)-chlorid $FeCl_3 \cdot 6\ H_2O$	Xn	22-38-41	26-39			+
	Pyrrol		10			AII	SI
	2-Propanol	F, Xi	11-36-67	2-7-16-24/25-26			+

Durchführung:
Herstellung der wässrigen Eisen(III)-chlorid-Lösung:
1 g $FeCl_3 \cdot 6\ H_2O$ wird in 9 mL Wasser gelöst.
Herstellung eines Gemischs aus Pyrrol und 2-Propanol im Volumenverhältnis 1:1:
Da man pro Versuch nur 0,25 mL des Gemischs benötigt, hält man die Volumina möglichst klein.
Versuch 1:
Mit Hilfe des Universalmessgeräts prüft man ein trockenes Filterpapier auf seinen elektrischen Widerstand und notiert das Ergebnis.
Versuch 2:
In einer Kristallisierschale wird ein Filterpapier mit 2 mL der Eisen(III)-chlorid-Lösung beträufelt, bis es vollständig benetzt ist. Nach dem Trocknen mit dem Föhn prüft man dieses Papier auf seinen elektrischen Widerstand und notiert das Ergebnis.
Versuch 3:
In einer Kristallisierschale wird ein Filterpapier mit 2 mL der Eisen(III)-

chlorid-Lösung beträufelt, bis es vollständig benetzt ist. Dann tropft man auf die Mitte des Filterpapiers 0,25 mL des Gemischs aus Pyrrol und 2-Propanol. Nach ca. einer Minute nimmt man das Filterpapier mit Hilfe einer Pinzette auf und trocknet es mit dem Föhn. Man überprüft den elektrischen Widerstand dieses Papiers und notiert den Messwert.

Beobachtung und Ergebnis:

Versuch 1 und 2:

Das trockene, unbehandelte und das getrocknete, mit $FeCl_3$-Lösung imprägnierte Filterpapier zeigen einen „unendlich" hohen Widerstandswert, d. h.: El. Leitfähigkeit $< 10^{-6}$ Siemens $\cdot$ cm^{-1}.

Versuch 3: Beim Aufträufeln des Gemischs aus Pyrrol und 2-Propanol verändert sich die Gelbfärbung des Papiers rasch über Grün nach Blau zum bleibenden Schwarz. Das getrocknete Filterpapier zeigt einen Widerstand von 10^3 bis 10^5 Ohm; das entspricht einer elektrischen Leitfähigkeit von 10^{-3} bis 10^{-5} Siemens $\cdot$ cm^{-1}.

Entsorgung:

Filterpapier mit $FeCl_3$ zum Hausmüll; Filterpapier mit Polypyrrol zum organischen Feststoffabfall.

Erklärung:

Unter Abspaltung von Wasserstoff ist aus Pyrrol elektrisch leitendes Polypyrrol, ein fester, schwarzer Kunststoff, entstanden. Als Oxidationsmittel dient das Fe^{3+}-Ion, das dem Pyrrol zunächst ein Elektron entzieht:

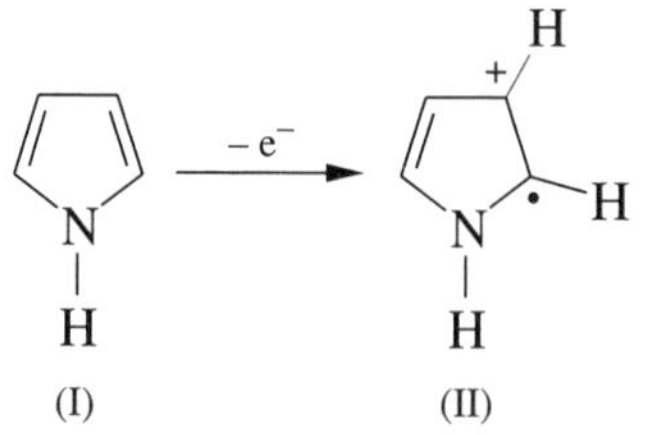

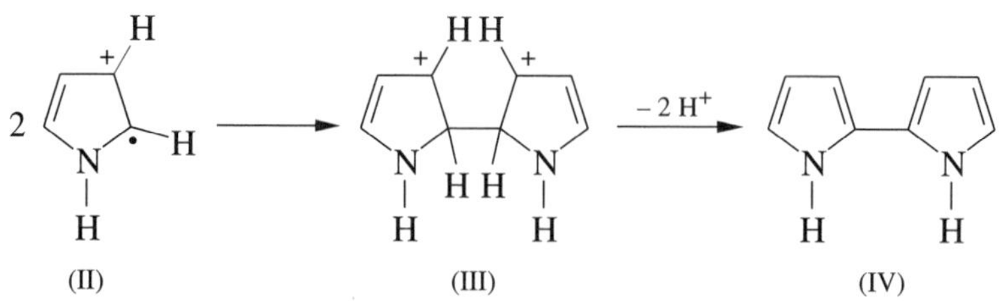

Entsprechend entstehen aus (IV) oder höheren Homologen Radikalkationen (V)

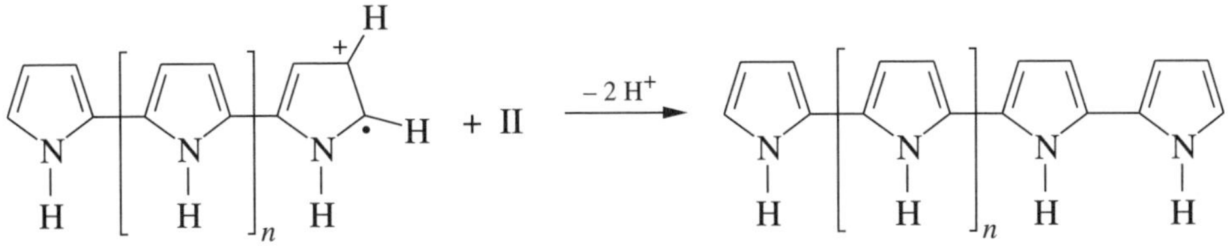

(V)

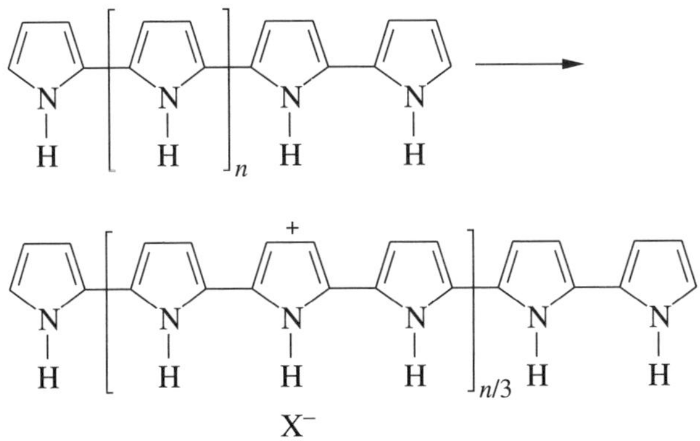

Grenzstrukturen:

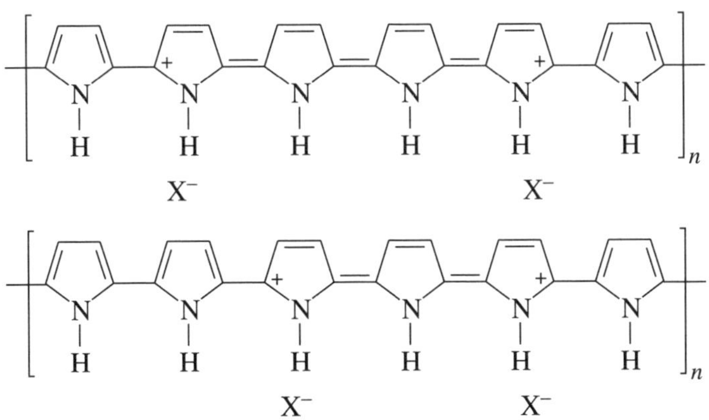

Für die schwarze Farbe des Polypyrrols ist der ebene Bau des Makromoleküls, der durch die konjugierten Doppelbindungen bewirkt wird, hinreichend. Für die elektrische Leitfähigkeit sind zusätzlich die zahlreichen positiven Ladungen im „Polykation“ Polypyrrol notwendig. Auch die Farbe des Makromoleküls wird dadurch (theoretisch) weiter „vertieft“.

2-Propanol wirkt als Lösungsvermittler zwischen der wässrigen Phase des Eisen(III)-chlorids und der organischen Verbindung Pyrrol.
Die Leitfähigkeit von elektrisch leitfähigen Kunststoffen liegt deutlich unterhalb jener der Metalle:
Leitfähigkeit des Kupfers = 10^5 Siemens · cm^{-1}; Leitfähigkeit von elektrochemisch hergestelltem Polypyrrol bis zu 10^2 Siemens · cm^{-1}.
Für spezielle Anwendungsgebiete ist dieser Bereich in Kombination mit den übrigen Materialeigenschaften geeignet, z. B. für bestimmte Kondensatoren.

Literatur:

M. Müller: Kunststoffe aus Makromolekülen. Bayer Industry Services, Leverkusen. CD-ROM, aktualisierte Ausgabe 2005, S. 88 – 89; Versuch Nr. 15, S. 142

G. Heywang: Polymere – Vortragsmitschrift. BAYER AG, Leverkusen. Vortrag am 21. 02. 2000, S. 16 – 19

Besondere Hinweise:

Dieses Experiment zeigt, dass nicht alle Kunststoffe elektrische Nichtleiter sind, sondern dass man auch Kunststoffe mit einer gewissen elektrischen Leitfähigkeit herstellen kann.

Trockenspinnverfahren

Geräte:

Zahnstocher oder Streichholz, evtl. schwarzes Papier (ca. 30 cm × 30 cm), evtl. Messer

Chemikalien:

UHU®-Alleskleber (*nicht tropffrei!*)

Nr.	Substanzname	Gefahrensymbole	R-Sätze	S-Sätze	K M R_E R_F	VbF	Unterrichts-Einsatz
	Aceton	F, Xi	11-36-66-67	2-9-16-26		B	+
	Methylacetat	F, Xi	11-36-66-67	2-16-26-29-33		AI	+

Durchführung:

Aus der Öffnung einer UHU®-Allesklebertube holt man mit Hilfe eines Zahnstochers oder dem hölzernen Ende eines Streichholzes ein Klebstofftröpfchen hervor und zieht dieses langsam und gleichmäßig zu einem dünnen Faden aus, zum besseren Sichtbarmachen evtl. über einem schwarzen Papier.

Beobachtung und Ergebnis:

Das farblose Tröpfchen lässt sich zu einem dünnen Faden, in günstigen Fällen bis über 1 m Länge, ausziehen.

Entsorgung:

Die Fäden können zum Hausmüll gegeben werden.

Erfahrungen:

Man braucht einige Vorversuche, bevor man die geeignetsten Bedingungen kennt. Es kommt vor allem auf das *gleichmäßige* Ausziehen des Fadens an. Das UHU® muss beim Austritt aus der Tube noch möglichst *dünnflüssig* sein:

Verklebte Tubenöffnungen daher zunächst mit Hilfe eines Messers säubern.

Erklärung:

UHU®-Alleskleber besteht aus einer 40 %-igen Lösung von Polyvinylacetat in Methylacetat und Aceton.

Es handelt sich hier um einen Modellversuch zum Trockenspinnverfahren: Beim Ausziehen des Fadens verdampfen die Lösemittel (hier: Methylacetat und Aceton).

In der Praxis werden die Lösemittel durch Heißluft verdampft und anschließend zurückgewonnen (s. Skizze). Das Verfahren wird beim Spinnen elastischer Fasern, bei der Fa. BAYER AG z. B. beim Trockenspinnen von Dorlastan®, einer hochelastischen Polyurethanfaser, eingesetzt.

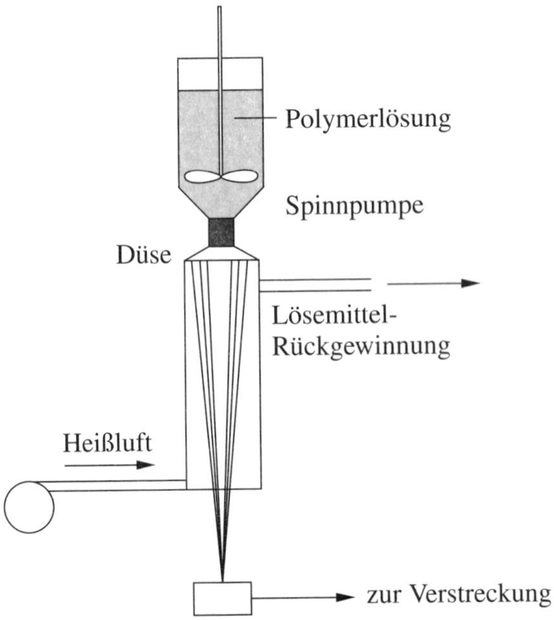

Literatur:

M. Müller: Kunststoffe aus Makromolekülen. Bayer Industry Services, Leverkusen. CD-ROM, aktualisierte Ausgabe 2005, S. 50 – 51

Schmelzspinnen von Polyamid

Geräte:

Elektrisch beheizbare Klebepistole (im Baumarkt erhältlich, z. B. PATTEX hot Pistol Starter-Set® der Fa. Henkel), Holz- oder Metallplatte zum Schutz des Arbeitstisches, Schere

Chemikalien:

Die zur Klebepistole passenden Zylinder aus Polyamid (bei der o. a. Klebepistole sind diese im Starter-Set enthalten); evtl. ein Bogen Seidenpapier

Durchführung:

Man benötigt mehrere Ausführende für diesen Versuch.
Die o. a. elektrische Klebepistole wird ca. 8 bis 10 Minuten vorgeheizt (Vorsicht, Austrittsdüse wird sehr heiß!). Man drückt dann einen der 20 cm langen Klebstoffzylinder in die Pistole ein. Er wird soweit vorgeschoben, bis erstes flüssiges Klebematerial an der Düsenspitze austritt. Der eingeführte Klebestab bleibt nun für weitere zwei Minuten (ohne Druck auf den Klebezylinder) in der beheizten Pistole, damit sich das Klebematerial im Bereich der Heizwicklung gut erhitzen kann.
Zum Versuchsstart drückt man den Klebestab leicht in die Pistole hinein, bis an der Düse verflüssigter Klebstoff austritt. Mit einem kleinen Gegenstand (Holz, Pappe, Kunststoff, Stein etc.) berührt ein Helfer den austretenden Klebstoff und bildet so den stationären Ausgangspunkt für den Spinnvorgang. Der Pistolenhalter bewegt sich nun langsam vom Helfer weg, wobei er Zuggeschwindigkeit und Nachführung des Klebestifts in die Pistole so einrichtet, dass an der Düsenspitze ein Faden mit hinreichendem Durchmesser austritt. Weitere Helfer sollten bereit sein, den ausgezogenen Faden in sinnvollen Abständen (0,5 bis 1 m) mit dem Finger (ohne Schutz möglich) zu stützen. Bei konstantem Ziehen kann eine Umrundung des Klassenraums gelingen. (Zur Demonstration können in Abständen geknickte Seidenpapierschnitzel aufgelegt werden.) Anschließend zerschneidet man den Faden in ca. 25 cm lange Abschnitte und versucht, diese langsam zu dehnen.

Beobachtung und Ergebnis:

Aus dem trüb-weißen Material des Klebestabs erhält man einen bis zu 25 m langen, glänzenden Faden, dessen Durchmesser häufig unregelmäßig ist. Durch Verstrecken lassen sich die Fadenabschnitte auf das Mehrfache ihrer

Länge ausziehen; gleichzeitig nimmt der Durchmesser sichtbar ab und wird gleichmäßiger.

Entsorgung:
Die Fäden können zum Hausmüll gegeben werden; die angeschmolzenen Klebezylinder verwahrt man für weitere Versuche.

Erklärung:
Dieses Experiment soll das Verfahren des Schmelzspinnens verdeutlichen, das in der Praxis beispielsweise beim Verspinnen von Polyamiden Anwendung findet. Dabei wird die Schmelze durch Düsen gedrückt (vgl. Abb. 3); die entstandenen Fäden werden im Stickstoffstrom gekühlt, da sie oxidationsanfällig sind (Gelbfärbung).
Die wichtigsten Polyamide sind Nylon® und Perlon®.
Das gemeinsame Kennzeichen aller Polyamide sind die Amidgruppen, die zur Bildung von Wasserstoffbrückenbindungen beitragen.
Im versponnenen, unverreckten Faden ist dies nur teilweise möglich, da die Makromoleküle ungeordnet sind. Erst durch das Recken der Faser wird eine kristalline Anordnung der Polyamidmoleküle erreicht, in der die intermolekularen Anziehungskräfte voll zur Wirkung kommen (Abb. 1).

Vergleich des Aufbaus der unverstreckten mit der verstreckten Polyamidfaser (Abb. 1):

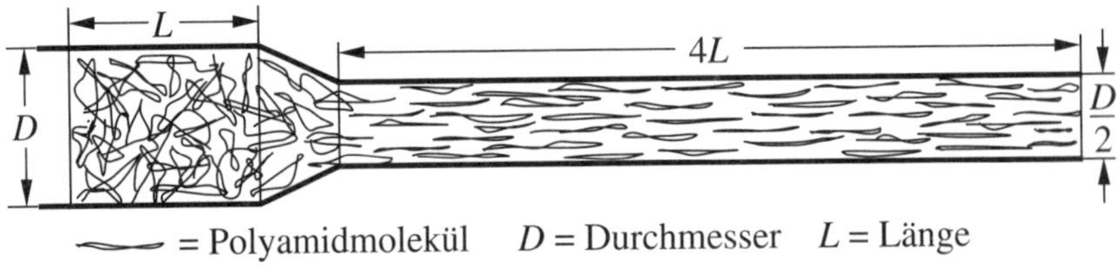

Lt. Skizze werden die Fasern im Verstreckungsvorgang auf das Vierfache der ursprünglichen Länge gedehnt.

Wasserstoffbrücken-Bindungen in der verstreckten Faser (B.: Nylon 6,6) (Abb. 2):

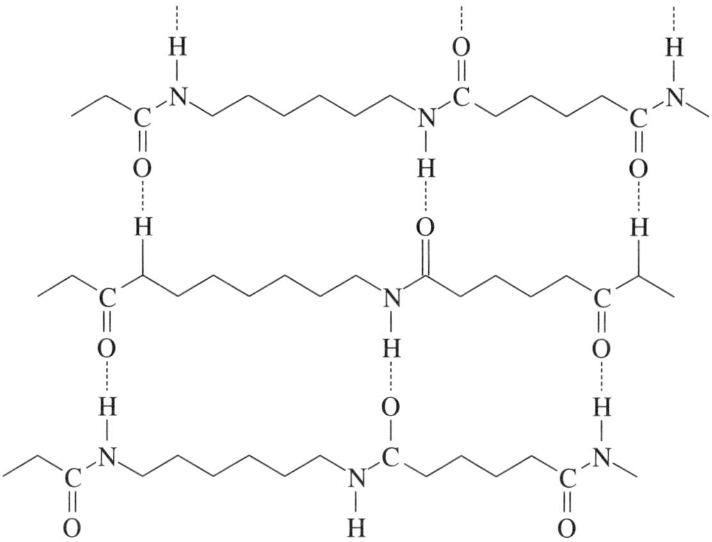

Abb. 3: Apparatur zum Schmelzspinnen

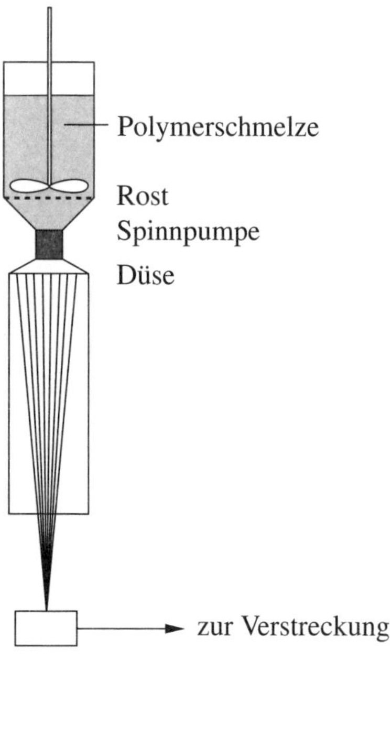

Literatur:

G. Heywang: Polymere – Vortragsmitschrift. BAYER AG Leverkusen. Vortrag am 21. 02. 2000

M. Müller: Kunststoffe aus Makromolekülen. Bayer Industry Services, Leverkusen. CD-ROM, aktualisierte Ausgabe 2005, S. 35, 49, 51, 127

M. Braun et al.: Organische Chemie und die Einführung in die Biochemie. Lehrbuch für Gymnasien. München 1967, S. 136

Besondere Hinweise:

Falls man ohne Klebepistole und mit sofort beschaffbarem Material auskommen möchte, kann man die im Baumarkt erhältlichen Schmelzklebestifte bzw. -patronen mit der Beißzange in kleine Stücke zerteilen (pro Schülerversuch reichen 0,5 cm^3 Klebestift, zerkleinert in 5 – 6 Stücke, aus). Man erhitzt diese vorsichtig (Schmelzbereich um 170 °C) in einem trockenen Reagenzglas, bis eine zähflüssige Schmelze entstanden ist und zieht mit einem Glas- oder Holzstab (Schaschlikspieß) daraus Fäden. Sollte die Schmelze durch zu starkes Erhitzen zu dünnflüssig geworden sein, lässt man bis zum Zähflüssigwerden abkühlen. Nachteil: Die Fadenlänge ist deutlich kürzer als bei Verwendung einer Klebepistole.

Schmelzspinnen eines Polyesters (PET)

Geräte:
Teelicht, Alu-Schale eines Teelichts, Streichhölzer, Tiegelzange, *längerer* Holzstab (z. B. Schaschlikspieß) (vgl. unter „Besondere Hinweise"), Schere

Chemikalien:
Dünnwandige Verpackungen aus Polyethylenterephthalat (PET), z. B. Schalen für Fertigsalate oder Gebäck oder leere PET-Getränkeflasche (vgl. unter Besondere Hinweise)

Durchführung:
Mit Hilfe der Schere schneidet man aus dem Verpackungsmaterial ein etwa 10 cm^2 großes Stück aus. Man zerlegt dieses in ca. 10 ungefähr gleich große Quadrate und breitet diese flach in der Alu-Schale eines Teelichts aus. Mit Hilfe der Tiegelzange hält man das Alu-Schüsselchen mit den PET-Stücken etwa 1 cm über eine Teelichtflamme und erhitzt, bis das PET zähflüssig wird (Dauer 1 – 2 Minuten). Mit dem Holzstab lassen sich dann recht lange Fäden daraus ziehen.

Beobachtung und Ergebnis:
Die PET-Stücke erweichen rasch (Schmelzbereich um 250 °C). Es gilt, durch ständiges Probieren mit dem Holzstab den günstigsten Erweichungsgrad zu ermitteln und während dieses Zustands einen Faden zu ziehen. Die erhaltenen Fasern sind – im Gegensatz zu den biegsamen Polyamidfasern aus Versuch VE 2.1 – relativ starr und kürzer als diese.

Entsorgung:
Alle Reste können zum Hausmüll gegeben werden.

Erklärung:
Polyethylenterephthalat (PET) wird durch Umesterung von Terephthalsäuredimethylester mit Ethandiol (Äthylenglykol) gewonnen (siehe S. 88).
PET ist ein glasklarer, farbloser Thermoplast und gehört heute zu den Kunststoffen mit den größten globalen Marktanteilen. Verwendung findet PET bevorzugt auf dem Flaschenmarkt und als Synthesefaser.
Letztere ist seit einigen Jahrzehnten vor allem unter den Handelsnamen Diolen® und Trevira® bekannt.
PET ist zu 100% recyklierbar: Die Getränkeflaschen lassen sich mehrfach

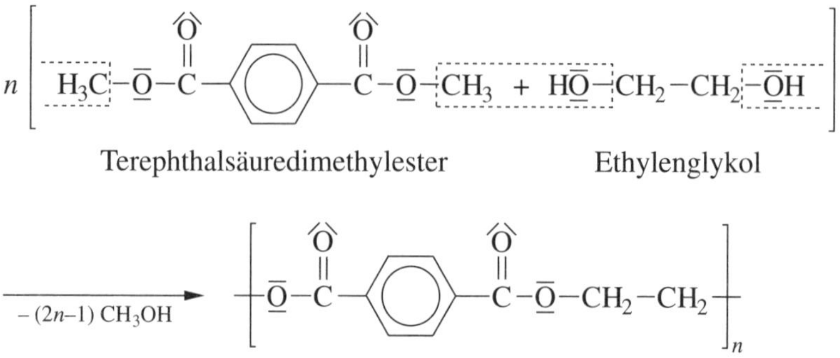

Polyethylenterephthalat

benutzen, da sie leicht zu reinigen sind oder PET wird zu neuen Flaschen oder als Faser wiederverwertet.

Besondere Hinweise:

Es ist *unbedingt* auf die Verwendung eines *längeren* Holzstabs, z. B. eines Schaschlikspießes, zu achten, da sich bei zu starkem Erhitzen das brennbare PET entzünden kann.

Falls als Verpackungsmaterial aus PET nur leere Getränkeflaschen zur Verfügung stehen, die i. a. eine dickere Wandstärke als andere PET-Verpackungen aufweisen, führt man den Versuch am besten folgendermaßen durch:

Mit einem Messer schneidet man einen besonders dicken Anteil der Flasche (Boden oder Halsgewinde) ab und hält diesen mit Hilfe der Tiegelzange etwa 1 cm über die Teelichtflamme. Mit einem Schaschlikspieß lassen sich dann ebenfalls rasch Fäden ziehen.

In der Praxis dient das Ziehen von Fäden (Verspinnen von „massivem“ PET) als Recyclingsverfahren für diesen Kunststoff (Frühauf, Tegen) (s. Erklärung).

Literatur:

G. Rink: Einführung in die Kunststoffchemie. Frankfurt am Main 1979, S. 52

M. Sternberg: Die PET-Flasche – ein Projekt zum Thema „Kunststoffe im Alltag“. Chemie aktuell, Kopiervorlagen und Materialien, Heft 1. Klett-Verlag, Stuttgart 2001, S. 44

G. Rafler: Polyalkylenterephthalate – Thermoplastische Kunststoffe mit breitem Einsatzprofil. PdN-Chemie in der Schule, 54 (2005), Heft 7, S. 12 – 17

D. Frühauf/H. Tegen (Hrsg.): blickpunkt Chemie. Hannover 2002, S. 350

www.google.de: Suche „Polyethylenterephthalat“

Schmelzspinnen eines Polypropylen

Geräte:
Reagenzglas (trocken), Glas- oder Holzstab (Schaschlikspieß), Teelicht, Schere

Chemikalien:
Polypropen (Kennzeichen PP oder 5), z. B. in Form eines Joghurtbechers

Durchführung:
Man schneidet mit der Schere einige kleinere Stücke Polypropen (ca. 1 cm × 1 cm) aus einem sauberen, trockenen Joghurtbecher und füllt diese in ein Reagenzglas. Unter ständigem Drehen des Glases erhitzt man dieses *vorsichtig* über der Teelichtflamme. Nach 1 – 2 Minuten setzt die Erweichung des Polypropens ein (Erweichungstemperatur$_{\text{ataktisches Polypropen}}$ = 120 °C). Mit einem Glas- oder Holzstab versucht man, Fäden zu ziehen.

Beobachtung und Ergebnis:
Es lässt sich ein etwa 5 cm langer, starrer Faden ziehen.

Entsorgung:
Hausmüll

Erfahrungen:
Beim Erhitzen des Polypropens muss man darauf achten, dass keine Schwarzfärbung (= Zersetzung) des Kunststoffs eintritt.

Erklärung:

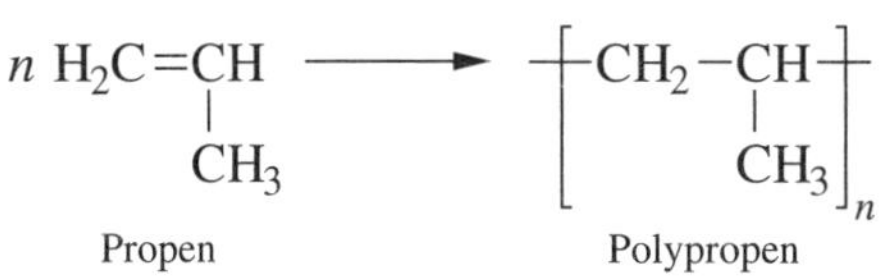

Das Polyolefin Polypropen (Polypropylen) ist ein Thermoplast.
Radikalisch lässt sich Propen nicht zu technisch verwertbaren Produkten polymerisieren.
Die industrielle Herstellung erfolgt mit Hilfe von Ziegler-Natta-Katalysatoren (z. B. Triäthylaluminium und Titantetrachlorid) über Insertionsschritte (*Braun*). Dabei erhält man stereospezifische Polymere. Je nach der räumli-

chen Stellung der Methylgruppe unterscheidet man zwischen isotaktischem (kristallin), syndiodaktischem (kristallin) oder ataktischem (amorph) Polypropen. Wegen des unterschiedlichen Kristallisationsgrades der Stereoisomeren differiert ihre Erweichungstemperatur, die beim isotaktischen Polypropen 165 °C beträgt.
Polypropen besitzt wegen der „sperrigen" Methylgruppe eine geringere Dichte als Polyethen:
$\rho_{Polyethen} = 0{,}92 - 0{,}96\ g \cdot cm^{-3}$; $\rho_{Polypropen} = 0{,}91\ g \cdot cm^{-3}$.

Praktische Anwendung findet Polypropen u. a. in der Lebensmittelverpakkung, als besonders strapazierfähiger Teppich und als Kunstrasen.

Literatur:

D. Braun et al.: Praktikum der Makromolekularen Stoffe. Weinheim 1999, S. 175 – 182
G. Rink: Einführung in die Kunststoffchemie. Frankfurt 1979, S. 132 – 134

Überführung eines Joghurtbechers in die „ursprüngliche" Form

Geräte:
Heißluftföhn oder Heißluftgebläse, Mineralfasernetz, leere Dose aus Blech mit ebenem Deckel, evtl. Wasserstrahlpumpe und Nutsche

Chemikalien:
(Leerer) Joghurtbecher aus Polystyrol (gut geeignet: Almighurt®)

Durchführung:
Der saubere, trockene Joghurtbecher wird mit der Öffnung nach unten auf eine wärmefeste Unterlage (z. B. Keramiktisch) gestellt. Um zu verhindern, dass der Becher durch den Heißluftstrom weggeblasen wird, setzt man ihn auf eine raue Unterlage, z. B. ein Mineralfasernetz. Der heiße Luftstrom wird senkrecht von oben in 20 bis 25 cm Abstand auf den Becher gerichtet. Sobald der Becher in sich zusammenfällt, drückt man ihn mit der Blechdose vollständig platt. Vorsicht, Heißluftgebläse vorher entfernen!

Beobachtung und Ergebnis:
Nach ganz kurzer Zeit (20 bis 40 Sekunden, je nach Gebläseart) wird der Becher weich und fällt in sich zusammen. Im „Idealfall" entsteht eine kreisrunde, etwa 1 mm dicke, weiße Scheibe, auf der sich die ursprüngliche Beschriftung verzerrt, aber deutlich lesen lässt.

Entsorgung:
Die Kunststoffscheibe wird zum Hausmüll gegeben.

Erfahrungen:
Der Versuch gelingt nicht, wenn man einen einfachen Föhn verwendet, da die Temperatur des austretenden Luftstroms die Erweichungstemperatur des Polystyrols (80 – 100 °C) nicht erreicht.
Joghurtbecher aus Polypropylen (PP) sind für diesen Versuch ungeeignet und zwar vermutlich deshalb, weil ihr Schmelzbereich (105 – 130 °C) auch für Heißluftföhns zu hoch liegt.

Erklärung:
Der hier verwendete Joghurtbecher besteht aus Polystyrol und wird im Tief-

ziehverfahren hergestellt. Dazu wird ein Abschnitt einer Polystyrolfolie entsprechender Stärke erwärmt und durch Unterdruck in die Becherform aus Metall hineingezogen (vgl. Abb. 1).

Durch Abkühlung wird der zugeführte Energiebetrag wieder entzogen und die „gespannte“ Struktur der Makromoleküle als Becherform, d. h. als enthalpie- und entropieärmerer Zustand im Vergleich zur Folie, fixiert (vgl. Abb. 2).

In unserem Experiment wird durch die zugeführte Heißluft die geordnetere Struktur der Polystyrolmoleküle in der Becherform, zugunsten des ursprünglichen, ungeordneteren Zustands in der Folie, wieder aufgehoben. Dabei steigen Enthalpie und Entropie des Systems wieder auf die Ausgangswerte in der Folie an.

Abb. 1: Schema des Tiefziehvorgangs:

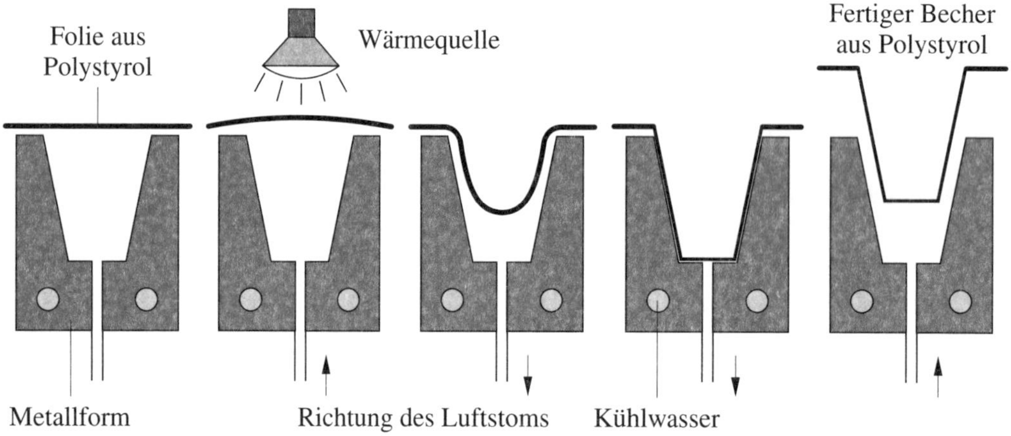

Abb. 2: Anordnung der Polystyrolmoleküle im Joghurtbecher:

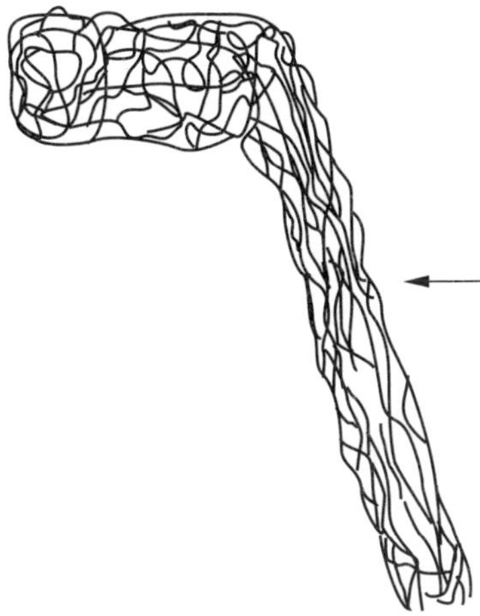

Literatur:

G. Heywang: Polymere – Vortragsmitschrift. BAYER AG, Leverkusen. Vortrag am 21. 02. 2000

Besondere Hinweise:

Der Versuch gelingt am besten mit tiefgezogenen Joghurtbechern aus Polystyrol, Kennzeichen 06 oder PS.
Wir haben gute Erfahrungen mit den Bechern der Marke Almighurt® von der Firma Ehrmann gemacht.
Für „Einsteiger" in den Kunststoffsektor: Die Kennzeichnung des verwendeten Kunststoffs ist am Boden des Bechers eingeprägt.
Die beim Föhnen erzeugte Kunststoffscheibe lässt sich wieder „tiefziehen": Man legt diese auf die Nutsche einer Saugflasche, stellt die Pumpe an und erwärmt die Kunststoffscheibe mit dem Föhn. Es entsteht eine zylinderartige Form.
Dabei ist unbedingt darauf zu achten, dass der Durchmesser der Nutsche deutlich kleiner als der Scheibendurchmesser ist, und der Unterdruck nicht zu stark wird. Versuch nur in Gegenwart der Lehrkraft! Schutzbrille!
Die Überführung des tiefgezogenen Bechers in die „ursprüngliche" Scheibenform stellt einen Modellversuch für das technisch genutzte „Schrumpfverfahren" dar, bei dem Folien oder Schläuche aus Kunststoff an eine vorgegebene Form vollkommen angepasst werden (Beispiel: Luftdichte Verpackung von Lebensmitteln).

VE 4

Quellfähigkeit des Superabsorbers aus Natriumpolyacrylat (Windeln aus Hightech-Produkt)

Geräte:

Schere, 2 Kristallisierschalen, Reagenzgläser (trocken), Pipette, Reagenzglasgestell, Glasstab, Spatel

Chemikalien:

Pampers®-Windel oder Slip-Einlage, Superabsorber der Fa. Stockhausen (kostenlose Bezugsquelle s. Besondere Hinweise), Papiertaschentuch, Wasser (möglichst destilliert), 2 unifarbene Zellstoff-Servietten

Durchführung:

Bei Augenkontakt mit der Windel das Auge reichlich mit Wasser ausspülen; nach dem Experiment die Hände waschen.

Versuch 1:
Vergleich der Wasseraufnahme von Papiertaschentuch und Windel:
Ein halbiertes Papiertaschentuch (ca. 5 cm × 5 cm) und ein Windelabschnitt gleicher Größe werden in je eine Kristallisierschale gegeben. Auf beide gießt man je 20 mL destilliertes Wasser oder Leitungswasser (etwa ¾ des Inhalts eines Reagenzglases), drückt mit Hilfe eines Glasstabs die Abschnitte in das Wasser und presst nach etwa 3 Minuten je eine unifarbene Zellstoffserviette auf die Abschnitte. Anschließend versucht man, das Wasser aus beiden Materialien auszudrücken.

Versuch 2:
Quellversuch mit dem Superabsorber:
Man füllt mit einem *trockenen* Spatel etwas Superabsorber (etwa 0,3 cm hoch) in ein *trockenes* Reagenzglas.
Aus einem weiteren Reagenzglas gießt man unter öfteren Umrühren mit dem Glasstab so lange Wasser auf die Absorber-Körnchen, bis der Inhalt des Reagenzglases beim Umkippen nicht mehr heraus fließt.

Beobachtung und Ergebnis:

Versuch 1: Während das Papiertaschentuch nach Zugabe des Wassers vor Nässe „trieft“, wirkt der Windelabschnitt noch relativ trocken. Aus dem Papiertaschentuch lässt sich Wasser auspressen, aus dem Windelabschnitt

nicht. Verdeutlicht wird dieses Verhalten noch durch die unterschiedliche Wasseraufnahme der farbigen Serviette. (Nach Procter & Gamble binden 5 g „Windelzellstoff" 300 mL Wasser (und mehr).)
Die unterschiedliche Wasseraufnahme von „gewöhnlichem Zellstoff" (Papiertaschentuch) und „Windelzellstoff" ist daher auf die „kleinen Körnchen" (Superabsorber) im Windelzellstoff zurückzuführen.

Versuch 2: Die farblosen, harten Körnchen des Superabsorbers quellen zu einem Gel auf, das ein Vielfaches des Ausgangsvolumens einnimmt. Die Literaturangaben werden mit diesem sehr vereinfachten Versuch nicht erreicht (Procter & Gamble: 1 g Superabsorber bindet bis zu 1000 g entionisiertes Wasser bzw. ca. 100 g einer physiologischen Kochsalzlösung (w = 0,9 %)).
Das absorbierte Wasser kann man aus dem Gel nicht ausdrücken.
Die Anzahl der Quellversuche lässt sich beliebig ausdehnen und variieren: Man kann die Quellfähigkeit in Abhängigkeit von der Salzart, der Salzkonzentration oder des pH-Werts der zu absorbierenden Lösung untersuchen. Ergebnis: Je höher die Salzkonzentration, desto geringer die Absorption; je höher der pH-Wert, desto größer die Quellfähigkeit des Superabsobers.
Ein besonders „lebensnaher" Versuch, die Babywindel betreffend: Man lässt körperwarme, physiologische Kochsalzlösung (w = 0,9 %) absorbieren, die man mit einigen Tropfen konzentrierten schwarzen Tees hellgelb angefärbt hat.

Entsorgung:
Windelabfälle werden zum Hausmüll gegeben; Absorberreste dürfen keinesfalls in den Ausguss!
(Zum geplanten Recycling von „Inkontinenz"-Müll vgl. Besondere Hinweise.)

Erklärung:
Versuch 1:
Das Papiertaschentuch besteht aus Cellulose. Das aufgenommene Wasser wird, einem Schwamm vergleichbar, fast ausschließlich in den Zwischen- und Intermicellarräumen der Cellulosefasern lediglich durch Adhäsionskräfte gespeichert und ist somit auspressbar.
Die Ausbildung von Wasserstoffbrücken zwischen Wasser- und Cellulosemolekülen findet nur in geringem Maße statt; dieses durch eine chemische Reaktion gebundene Wasser lässt sich nicht auspressen.
Zur Wasseraufnahme des Windelabschnitts vgl. Erklärung zu Versuch 2.

Versuch 2:

Der Superabsorber besteht aus einer schwach vernetzten und partiell neutralisierten Polyacrylsäure:

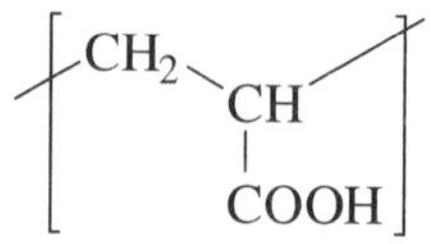

Abschnitt eines Acrylsäure-Moleküls im Polymerisat

Die Vernetzung kann durch Copolymerisation, z. B. mit Bisacrylsäure ($CH_2=CH-COO-CH_2-COO-CH=CH_2$), erfolgen.

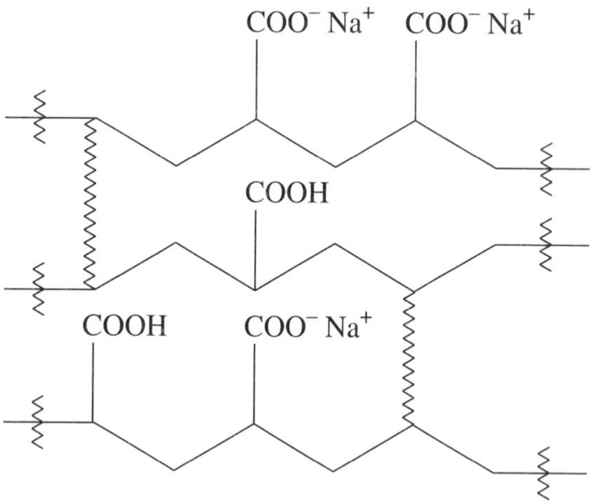

ʌʌʌʌ = Vernetzung

Abschnitt eines Superabsorber-Moleküls

Der Mechanismus der Wasserabsorption ist noch nicht völlig geklärt.
Man nimmt an, dass das eindringende Wasser zum einen über Wasserstoffbrücken an die vorliegenden Carboxylationen gebunden wird und zum anderen mit dem Wasserstoff der Carboxylgruppen zu Hydroniumionen reagiert. Dadurch stehen weitere Carboxylatreste zur Wasserstoffbrückenbindung zur Verfügung.
Durch die gleichzeitige Hydration der Natriumionen wird die elektrostatische Abschirmung der negativ geladenen Carboxylatgruppen weitgehend herabgesetzt, so dass sie sich untereinander immer stärker abstoßen und sich so weit voneinander entfernen, wie es die Vernetzungen zulassen. Dadurch quillt der Superabsorber unter weiterer Aufnahme von Wasser über Wasserstoffbrücken zu einem Gel auf.
Zugesetzte Salze und Säuren (H_3O^+) verstärken die elektrostatische Abschirmung der Carboxylationen und setzen damit das Quellvermögen des Absorbers herab; dagegen bewirkt die Zugabe von Basen (OH^-) eine Verminderung des Abschirmungseffekts und damit eine verbesserte Quellfähigkeit.

Literatur:

G. Vollmer, C. Merschhemke (Hrsg.): Chemie in Köln und Umgebung – Unterrichtseinheiten zur Öffnung des Chemieunterrichts. Bonn 1997: Beiträge der Firmen Procter & Gamble und Stockhausen GmbH & Co. KG
K. Redlin, G. Lück: Kunststoff-Versuche – für alle Schularten geeignet. PdN – Chemie in der Schule 49 (2000), Heft 4, S. 40 – 45
A. Köhler-Krützfeld (FU Berlin): Experimental-Vortrag: „Funktionale Polymere im Chemieunterricht – fascinierende Experimente mit superabsorbierenden Polymeren" anlässlich der GDCh-Tagung „Chemieunterricht auf dem Weg ins dritte Jahrtausend", Universität zu Köln, 7. – 9. 9. 2000 und „Superabsorbierende Polymere" in MNU 54 (2001), Heft 3, S. 163 – 168
A. Köhler-Krützfeld (FU Berlin): „Spielend in die Polymerchemie". PdN – Chemie in der Schule 50 (2001), Heft 5, S. 24 – 26
Chemie entdecken – Experimentalwettbewerb der Klassenstufen 6 – 10 in NRW, Aufgabe 2 – 2000: KÖLNER MODELL am Institut für Anorganische Chemie der Universität zu Köln, Greinstraße 6

Besondere Hinweise:

Anstelle des Papiertaschentuchs kann man eine entsprechende Watteportion verwenden.
Die Firma Stockhausen GmbH & Co. KG, Abteilung Superabsorber/SM, Bäkerpfad 25, 47805 Krefeld (Tel. 0 21 51/38 19 99, Fax 0 21 51/38 12 92), liefert an Schulen auf Anforderung kostenlos ein Versuchspaket mit Experimentiervorschriften und 500 g Superabsorber.
Recycling von superabsorberhaltigen Windeln („Inkontinenz"-Müll):
Bisher kommen gebrauchte Windeln in den Hausmüll und werden mit diesem verbrannt oder deponiert.
Eine niederländische Firma hat bereits ein Recyclingsverfahren entwickelt: Zunächst werden Zellstoff, Plastik und Superabsorber getrennt; mit Peressigsäure desinfiziert, Fäkalien werden ausgesiebt (Verwertung als Brennstoff, z. B. in Zementindustrie, zusammen mit Resten von Plastik, Zellstoff und Superabsorber). Den teils entwässerten, keimfreien Hauptanteil des Windelzellstoffs nimmt die Kartonagenindustrie „restlos" auf; der Superabsorber wird granuliert (vermutliche Verwendung z. B. zur Bodenverbesserung). Wegen der marktwirtschaftlichen Konkurrenz um die anfallenden Müllmengen ist die niederländische Anlage z. Zt. noch nicht ausgelastet (Kölner Stadt-Anzeiger Nr. 221 vom 22. 9. 2000, S. 10).

VE 5

Ein wasserlöslicher Kunststoff – Polyvinylalkohol

Versuch 1:

Geräte:

Kleine Glasschüssel oder Becherglas (50 – 100 mL), Rührstäbchen aus Glas oder Holz, Schere, flacher Teller aus Porzellan oder Glas (Durchmesser etwa 20 cm), Trockenschrank oder elektrische Heizplatte

Chemikalien:

Folie aus Polyvinylalkohol (Beschaffung s. unter Besondere Hinweise), Wasser

Versuch 2

Geräte:

Zwei kleine Glas- oder Porzellanschüsseln, zwei Rührstäbchen aus Glas oder Holz, dünner Draht, Spatel

Chemikalien:

Farbiger, wasserlöslicher Feststoff, z. B. wasserlösliches Kaffeepulver, Wasser, Folie aus Polyvinylalkohol (Beschaffung s. unter Besondere Hinweise), Folie aus Polyethylen (z. B. Frühstücksbeutel)

Versuch 3:

Geräte:

Falls beide Versionen des Versuchs 3 nebeneinander ausgeführt werden sollen, benötigt man die doppelte Anzahl der angegebenen Geräte:
Brenner mit Drahtnetz und Dreibein oder elektrische Heizplatte, Becherglas (ca. 150 mL), dünner Draht, Glasstab oder Teelöffel aus Metall

Chemikalien:

Zwei kleine Stücke weißen Baumwollgewebes (etwa 2 cm × 3 cm), die mit Blumenerde intensiv beschmutzt wurden, Wasser, Waschpulver (für Kochwäsche), Folie aus Polyvinylalkohol (Beschaffung unter Besondere Hinweise), Folie aus Polyethylen (z. B. Frühstücksbeutel)

Durchführung:

Versuch 1:

Man schneidet ein Stück Folie ab (ca. 10 cm × 10 cm) und löst es in etwa

6 mL Wasser unter Umrühren auf. Dann gießt man die Lösung auf den Teller und stellt diesen bei einer Temperatur um 50 °C entweder auf eine elektrische Heizplatte oder in den Trockenschrank, bis alles Wasser verdunstet ist.

Versuch 2:
Man schneidet aus den beiden Folien etwa gleich große Quadrate (Seitenlänge ca. 10 cm), gibt jeweils in die Mitte etwas wasserlösliches Kaffeepulver, formt aus den Folienstücken mit Inhalt kleine Bündel, die man fest mit dünnem Draht verschließt. Dabei muss man unbedingt darauf achten, dass kein Wasser von außen Zutritt zum Inhalt bekommen kann.
Bis kurz über den Boden wird jedes dieser Bündel für 1 – 2 Minuten in je ein Schälchen mit Wasser getaucht.

Versuch 3:
Man geht vor, wie unter Versuch 2 beschrieben:
Anstelle des farbigen Feststoffs jedoch packt man in jedes Bündel ein Stückchen angeschmutzten Baumwollstoffs. Beim Zuschnüren des Bündels sorgt man dafür, dass ein Ende des Drahts so lang ist, dass man daran das Bündel über einen Glasstab oder einen Metalllöffelstiel, den man quer über das Becherglas gelegt hat, hängen kann.
Das Becherglas wird zur Hälfte mit Wasser gefüllt, dem man etwas Waschpulver zugesetzt hat, und erhitzt.

Beobachtung und Ergebnis:
Versuch 1:
Der Folienabschnitt aus Polyvinylalkohol löst sich rasch auf; dabei entsteht eine praktisch klare Lösung.
Nach dem Verdunsten des Wassers kann man von dem Teller eine dehnbare Folie abziehen, die – falls der Teller größer als das ursprüngliche Stück Folie war – dünner als die Ausgangsfolie ist.

Versuch 2:
Die Folie aus Polyvinylalkohol löst sich rasch auf: Bei 14 °C Wassertemperatur nach 1 – 2 Minuten, bei 22 °C nach 30 Sekunden. Es entsteht eine braune Lösung.
Die Folie aus Polyethylen ist in Wasser nicht löslich und zwar unabhängig von der Wassertemperatur und der Zeit. Das Wasser bleibt klar und farblos.

Versuch 3:
Beim Erhitzen in der Waschlauge löst sich die Folie aus Polyvinylalkohol sofort auf und gibt das verschmutzte Wäschestück zum Waschen frei; beim weiteren Erwärmen wird es wieder sauber. Den gelösten Polyvinylalkohol und die Waschlauge kann man unter der Wasserleitung ausspülen.
Das verschmutzte Wäschestück in der Polyethylen-Folie bleibt beim Erhitzen in der Waschlauge trocken und daher schmutzig: Auch in kochender Waschlauge ist Polyethylen-Folie unlöslich.

Entsorgung:
Alle Feststoffe kommen in den Hausmüll, die Waschlaugen in das Abwasser.

Erklärung:
Herstellung von Polyvinylalkohol:
Polyvinylalkohol lässt sich nicht durch Polymerisation von „Vinylalkohol“ gewinnen, da dieser nicht stabil ist, sondern sich unter Protonenwanderung zu Ethanal umwandelt:

„Vinylalkohol“ Ethanal

Polyvinylalkohol wird daher durch Umsetzung von Polyvinylacetat mit Methanol erzeugt:

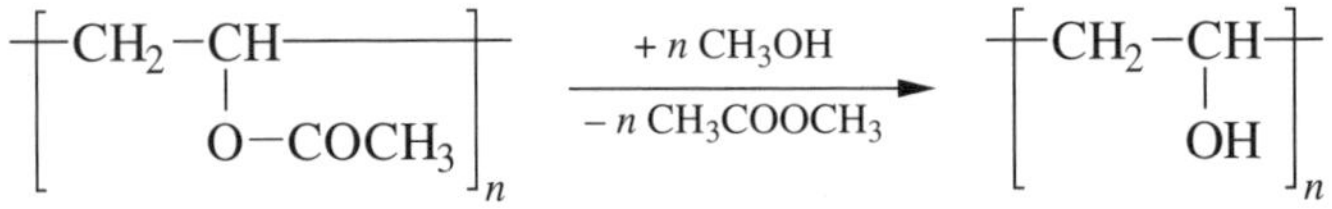

Polyvinylacetat Polyvinylalkohol

Versuch 1:
Der wasserlösliche Polyvinylalkohol „verschwindet“ nicht im Wasser, sondern lässt sich, ähnlich gelöstem Zucker, durch Verdunsten des Wassers zurück gewinnen.

Versuch 2 und 3:
Beide Versuche beruhen auf der Wasserlöslichkeit der Polyvinylalkohol-Folie, die im Gegensatz zur wasserunlöslichen Polyethylen-Folie den farbi-

gen Feststoff bzw. das verschmutzte Wäschestück nach dem Auflösen frei gibt.
Viele Einsatzgebiete von Polyvinylalkohol-Folie basieren auf ihrer Wasserlöslichkeit, z. B. als Sammelbeutel für schmutzige, insbesondere infizierte Wäsche in Krankenhäusern, für Samenkörner und Wurzelballen von Pflanzen, für Anglerzwecke, Rückseite der Briefmarken, für Toilettensteine.
Wässrige Polyvinylalkohol-Lösungen bilden einen Bestandteil von Dispersionsklebstoffen (vgl. VE 8). Polyvinylalkohol lässt sich vollständig recyklieren und biologisch abbauen; beim Verbrennen entstehen lediglich Kohlenstoffdioxid und Wasser.
In unpolaren organischen Lösemitteln ist Polyvinylalkohol unlöslich.
Der weltweit größte Produzent von Polyvinylalkohol-Folie ist Kuraray Co., Ltd. (Poval-Folie®). In Deutschland wird Polyvinylalkohol von Wacker Chemie AG hergestellt und als Polyviol-Lösung® in den Handel gebracht.

Besondere Hinweise:
Erhältlich ist Polyvinylalkohol-Folie in Beutelform (200 mm × 80 mm, im 10er Pack) in Geschäften für Anglerbedarf: Beutel aus Polyvinylalkohol-Folie dienen als wasserlöslicher Behälter für Fischfutter.

Literatur:
Flörke/Wolff: Kursthemen Chemie – Spezielle chemische Arbeitsgebiete. Bonn 1984, S. 8/27 – 8/28
Beyer-Walter: Lehrbuch der Organischen Chemie. 24. Auflage. Stuttgart 2004, S. 88
Die Versuchsvorschriften wurden größtenteils aufgrund eigener Erfahrungen erstellt.
www.poval.jp/english/index.html
www.kuraray-kse.com
www.wacker.com

VE 6

Kleber aus Polystyrol

Geräte:
Porzellanschälchen oder Aluschale eines Teelichts, Holzstab (Zahnstocher oder Schaschlikspieß), Tropfpipette

Chemikalien:
Styropor®-Stücke, Essigsäureethylester, Materialien zum Verkleben, wie Papier, Kunststoffe, Glas (z. B. Objektträger)

Nr.	Substanzname	Gefah-rensym-bole	R-Sätze	S-Sätze	K M R_E R_F	VbF	Unterrichts-Einsatz
	Essigsäureethylester Ethylacetat	F, Xi	11-36-66-67	2-16-26-33		AI	+

Durchführung:
Das Styropor® wird mit den Fingern in möglichst kleine Stücke zerbröckelt und das Schälchen mit mindestens 2 cm^3 dieses Kunststoffs beschickt. Mit Hilfe einer Pipette träufelt man tropfenweise nur so viel Essigsäureethylester hinzu, bis sich das Polystyrol eben auflöst und rührt mit dem Holzstäbchen durch. Die entstehende Lösung muss zähflüssig sein; ist sie zu dünnflüssig, setzt man entweder noch Styropor® hinzu oder man lässt das überschüssige Lösemittel verdunsten. Mit der entstandenen Lösung werden Klebeversuche durchgeführt.

Beobachtung und Ergebnis:
Das Styropor® bildet innerhalb weniger Sekunden mit dem Essigsäureethylester eine farblose, dünn- bis zähflüssige Lösung, die sich als Klebemittel für viele Materialen verwenden lässt.

Entsorgung:
Kleber und zu verklebende Materialien können in den Hausmüll gegeben werden.

Erklärung:
Das unpolare Polystyrol löst sich sehr gut in dem praktisch unpolaren Lösemittel Essigsäureethylester.

Beim Klebevorgang verdunstet das Lösemittel und es bleibt ein dünner Klebstofffilm aus Polystyrol zurück.
Jeder Klebevorgang beruht auf der Adhäsion des Klebstoffs zum zu verklebenden Material und der Kohäsion innerhalb des Klebstoffs.
Da Polystyrol keine polaren Gruppen enthält, kann dieser Kleber nur unpolare Materialien miteinander verbinden, wie z. B. Polystyrol selbst. Glas hingegen lässt sich aufgrund seiner polaren Eigenschaften mit Polystyrol nicht verkleben.

Literatur:

W. Eisner et al.: Elemente Chemie II. Stuttgart 2000, S. 396

Besondere Hinweise:

Wegen eventueller Geruchsbelästigung durch das Ethylacetat ist das Arbeiten unter dem Abzug empfehlenswert.
Es bietet sich ein Vergleich mit einem Leim an, der aus natürlich vorkommenden Makromolekülen hergestellt wurde, vor allem hinsichtlich der Wasserlöslichkeit (Versuch NMM 4: Leim aus Casein).
Im großtechnischen Maßstab wird Polystyrol bisher nicht in Klebemitteln eingesetzt.

Vermuteter Grund:
Polystyrol könnte ohnehin nur unpolare Stoffe miteinander verkleben. Das in den eingeführten Klebern (z. B. UHU®) enthaltene Polyvinylacetat hingegen ist dank seiner Zusammensetzung auch zum Verkleben polarer Stoffe geeignet und deckt damit in der Praxis einen größeren Anwendungsbereich ab.

VE 7

Polystyrol – „mit und ohne Gas“

Geräte:

Porzellanschälchen oder Alu-Schale eines Teelichts, Holzstab (Zahnstocher oder Schaschlikspieß), Tropfpipette, Alu-Folie, kleines (Becher-)glas

Chemikalien:

Styropor®-Stücke, Essigsäureethylester, (möglichst destilliertes) Wasser

Nr.	Substanzname	Gefahrensymbole	R-Sätze	S-Sätze	K M R_E R_F	VbF	Unterrichts-Einsatz
	Essigsäureethylester Ethylacetat	F, Xi	11-36-66-67	2-16-26-33		AI	+

Durchführung:

Man arbeitet unter dem Abzug.

Das Styropor® wird mit den Fingern in möglichst kleine Stücke zerbröselt und das Schälchen mit etwa 2 cm^3 dieses Kunststoffs beschickt. Mit einer Pipette träufelt man so viel Essigsäureethylester hinzu, bis sich das Polystyrol aufgelöst hat. Mit einem Holzstäbchen wird so lange durchgerührt, bis die Lösung klar ist. Dann gießt man diese auf ein Stück Alufolie, deren Kanten man hochgebogen hat und lässt das Lösemittel, am besten über Nacht, verdunsten.

Die zurückbleibende Kunststoffschicht wird von der Alufolie abgelöst und zusammen mit einem Styropor®-Stückchen (ca. 1 cm^3) in ein Glas mit Wasser gegeben. Man vergleicht das Schwimm-Sink-Verhalten.

Beobachtung und Ergebnis:

Das Styropor® bildet innerhalb weniger Sekunden mit dem Essigsäureethylester eine farblose, je nach Konzentration dünn- bis zähflüssige, klare Lösung. Nach dem Verdunsten des Lösemittels bleibt eine glasklare Folie zurück, die sich gut vom Aluminium abziehen lässt. Die Folie ist nicht reißfest.

Das Styropor® schwimmt auf dem Wasser (Dichte $p < 0{,}1\ g \cdot cm^{-3}$), die Folie aus Polystyrol sinkt langsam oder schwebt (Dichte $p = 1{,}05\ g \cdot cm^{-3}$) (vgl. AN 5).

Entsorgung:
Alle Reaktionsprodukte können in den Hausmüll gegeben werden.

Erfahrungen:
Wegen der geringen Dichtedifferenz zwischen Wasser und nicht aufgeschäumtem Polystyrol sollte die hergestellte Folie frei von Gasblasen sein. Aus dem gleichen Grund sollte man hier möglichst destilliertes Wasser verwenden.

Erklärungen:
Als Ausgangsmaterial für Styropor® dienen meist Perlpolymerisate, die geringe Mengen niedrig siedender Kohlenwasserstoffe enthalten. Durch das Auflösen des Schaumstoffs werden diese frei gesetzt; dadurch erhöht sich die Dichte des Polymeren. Aus dem optisch uneinheitlichen weißen Schaumstoff entsteht (im Idealfall) ein optisch einheitlicher, glasklarer Kunststoff.

Literatur:
Textheft 27: Kleben/Klebstoffe. Informationsserie des Fonds der Chemischen Industrie. Frankfurt/Main, September 2001, S. 65, Versuch 11

Besondere Hinweise:
Durch diesen Versuch lässt sich der Zusammenhang zwischen der Anordnung der Makromoleküle und den Eigenschaften *desselben* Kunststoffs besonders einfach und deutlich zeigen. Dadurch ändern sich auch die Verarbeitungs- und Einsatzmöglichkeiten im täglichen Leben: Schaumstoff aus Polystyrol dient als Isolier- und Verpackungsmaterial; aus dem „massiven“ Kunststoff hingegen werden Gebrauchsgegenstände und Kleinteile erzeugt. Die Umwandlung von Polystyrol-Schaumstoff in das „massive“ Polystyrol findet praktische Anwendung beim Recycling dieses Kunststoffs.

VE 8 Springende Bällchen

Geräte:
Kleine Glas- oder Kunststoffschüssel (ca. 100 mL), 2 Teelöffel aus Metall, Spatel, Alu-Folie (mit Kunststoff beschichtet); evtl. Lebensmittelfarbe, gegebenenfalls Einweg-Handschuhe

Chemikalien:
Holzleim Ponal® (*nicht wasserfest*; Bezugsquelle: Baumarkt), Borax, Wasser

Nr.	Substanzname	Gefahrensymbole	R-Sätze	S-Sätze	K M R_E R_F	VbF	Unterrichts-Einsatz
	Natriumtetraborat Borax $Na_2B_4O_7$			24/25			+

Der Holzleim Ponal® der Fa. Henkel ist mit keinerlei Gefahrensymbolen gekennzeichnet.

Durchführung:
Eine kleine Spatelspitze Borax wird in einer kleinen Schüssel mit 1 Teelöffel Wasser gründlich verrührt, bis sich der Borax fast vollkommen aufgelöst hat. Dann knetet man unter Benutzung eines Teelöffels ½ Teelöffel Ponal® gründlich darunter. Sobald eine zähe Masse entstanden ist, knetet man diese zwischen den Händen weiter durch und versucht, sie auf dem Tisch hüpfen zu lassen.
Will man den „Flummi" anfärben, kann man der Boraxlösung 1 – 2 Tropfen Lebensmittelfarbe zusetzen. Zum Formen zwischen den Händen empfiehlt sich dann auf jeden Fall das Benutzen von Einweg-Handschuhen.
Zum Mitnehmen und kurzzeitigen Aufbewahren des Springbällchens schlägt man es in (mit Kunststoff beschichteter) Alufolie ein.

Beobachtung und Ergebnis:
Durch das Verkneten des Holzleims Ponal® mit wässriger Boraxlösung lassen sich kleine Springbälle erzeugen (Herstellungsdauer 3 – 5 min, Springhöhe 30 – 40 cm).

Entsorgung:
Hausmüll

Erfahrung:
Die Haltbarkeit des Bällchens ist auf einige Tage beschränkt.

Erklärung:
Der Holzleim Ponal® ist ein Dispersionsklebstoff, der neben dem Hauptbestandteil Polyvinylacetat auch einen Zusatz von Polyvinylalkohol (PVA) enthält. Dieser wird über die Hydroxylgruppen des (linearen) Makromoleküls durch Borax vernetzt:
Die wässrige Boraxlösung reagiert unter Bildung der sehr schwachen Borsäure stark alkalisch:

$$\underset{\text{Boration}}{(B_4O_7)^{2-}} + 7\,H_2O \rightleftharpoons \underset{\text{Borsäure}}{4\,B(OH)_3} + 2\,OH^-$$

Die Lewis-Säure $B(OH)_3$ addiert das Hydroxidion unter Bildung des Anions $[B(OH)_4]^-$:

Lewis-Säure

Das durch Hydrolyse des Borax entstandene Anion $[B(OH)_4]^-$ vernetzt die Polyvinylalkohol-Moleküle (PVA) unter Abspaltung von Wasser zu einem dreidimensionalen Raumnetzmolekül:

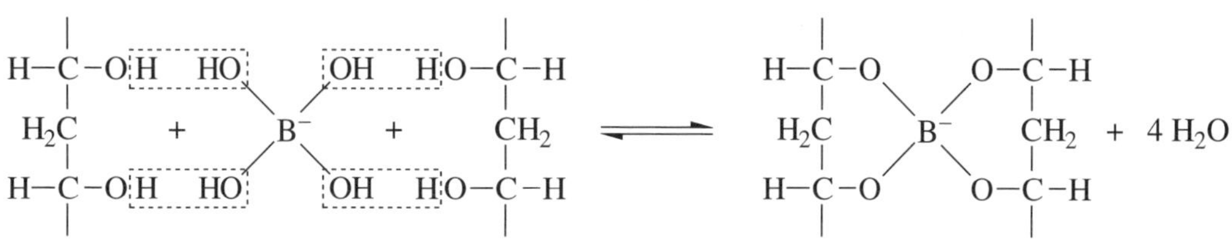

PVA PVA Raumnetzmolekül

Der Ladungsausgleich erfolgt jeweils durch die Natriumionen des Borax.
Durch die Vernetzung sinkt die Wasserlöslichkeit des Polyvinylalkohols.
Das Springen, d. h. die Elastizität des Bällchens, beruht vermutlich auf der Weitmaschigkeit des entstandenen Raumnetzmoleküls:

Sobald die Energiezufuhr durch die Deformationskraft wegfällt, „schnuren" die relativ beweglichen Kettenabschnitte des Raumnetzmoleküls zurück in ihre (energiearme) Ausgangsstellung, die durch die Stellen der Vernetzung vorgegeben ist.

Besondere Hinweise:

Beim Kauf des Holzleims Ponal® muss man unbedingt darauf achten, dass man *nicht* die Variante für *wasserfeste* Verklebungen erhält, da darin der Anteil des Polyvinylalkohols für unsere Zwecke nicht ausreicht.

Literatur:

J. Falbe, M. Regitz: Römpp-Lexikon Chemie, Band 5, 10. Auflage. Stuttgart 1999, S. 3522

A. F. Holleman, E. Wiberg: Lehrbuch der Anorganischen Chemie, 102. Auflage. Berlin 2007, S. 1106

H. J. Bader, Z. Harji: SLIME – Die Faszination von „Glibber". PdN-Chemie in der Schule, Heft 1, 49 (2000), S. 38

Fa. Henkel, Düsseldorf, Technische Beratung Ponal®, Tel. 02 11-7 97 82 72

Slime – einfach faszinierend

Geräte:

Glas- oder Kunststoffschüssel (ca. 500 mL), Spatel, Glasstab oder Metalllöffel zum Umrühren, Messzylinder (250 mL), Becherglas (150 mL), Waage

Chemikalien:

Guarmehl, Borax, Wasser, evtl. Lebensmittelfarbe

Nr.	Substanzname	Gefahrensymbole	R-Sätze	S-Sätze	K M R_E R_F	VbF	Unterrichts-Einsatz
	Natriumtetraborat Borax $Na_2B_4O_7$			24/25			+

Guarmehl ist durch keinerlei Gefahrensymbole gekennzeichnet

Durchführung und Ergebnis:

In 100 mL Wasser werden 0,6 g Borax gelöst; die klare Lösung wird zur Seite gestellt.
Man gibt 200 mL Wasser in die Schüssel und rührt 2,3 g Guarmehl ein, bis eine viskose Flüssigkeit entstanden ist (Dauer: 1 – 2 Minuten), fügt dann unter Rühren einige Tropfen Lebensmittelfarbe und schließlich 30 mL der Boraxlösung hinzu. Man rührt kräftig so lange durch, bis sich eine puddingartige Masse von gleichmäßiger Konsistenz gebildet hat (Dauer: 3 – 5 Minuten).
Zum Mitnehmen lässt sich der Slime in kleine Kunststoffbeutel abfüllen, die man durch Verschweißen verschließen kann.

Entsorgung:

Hausmüll

Erfahrungen:

Wegen bakterieller Zersetzung ist der Slime in den Kunststoffbeuteln nur begrenzte Zeit haltbar.

Erklärung:

Guarkernmehl wird aus den Samen einer indischen Leguminose (Cyamopsis tetragonoloba) gewonnen. Sein wasserlöslicher Anteil (85 %) besteht aus dem Polysaccharid Guaran:

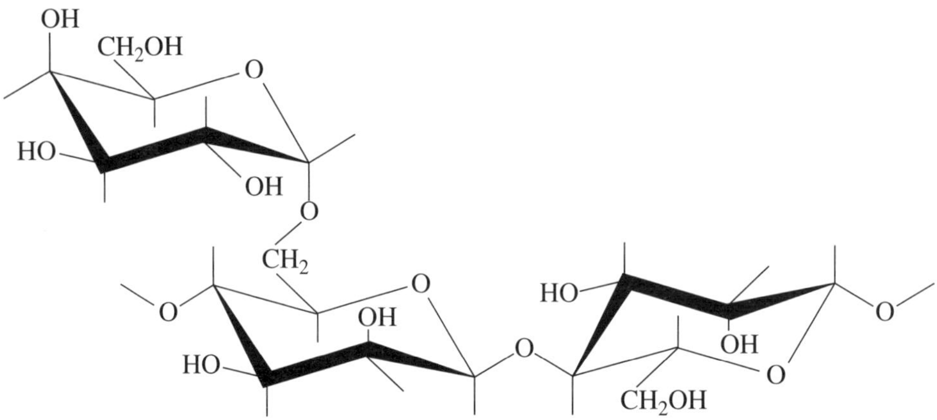

Guaran ist ein Galaktomannan aus 65 % Mannose und 35 % Galaktose.
Die Hauptanbaugebiete sind die USA (Texas), Indien und Pakistan.
Guarkernmehl dient als Verdickungsmittel, z. B. in Appreturen, in der Textil- und Papierindustrie. In Deutschland ist Guarmehl auch als Verdickungsmittel für Speiseeis zugelassen. Im Vergleich zu Stärke hat Guarmehl etwa die achtfache Verdickungskraft.
Die Boraxlösung wirkt als Vernetzer:
Die wässrige Boraxlösung reagiert unter Bildung der sehr schwachen Borsäure stark alkalisch:

$$(B_4O_7)^{2-} + 7\,H_2O \rightleftharpoons 4\,B(OH)_3 + 2\,OH^-$$

Boration — Borsäure

Die Lewis-Säure $B(OH)_3$ addiert das Hydroxidion unter Bildung des Anions $[B(OH)_4]^-$:

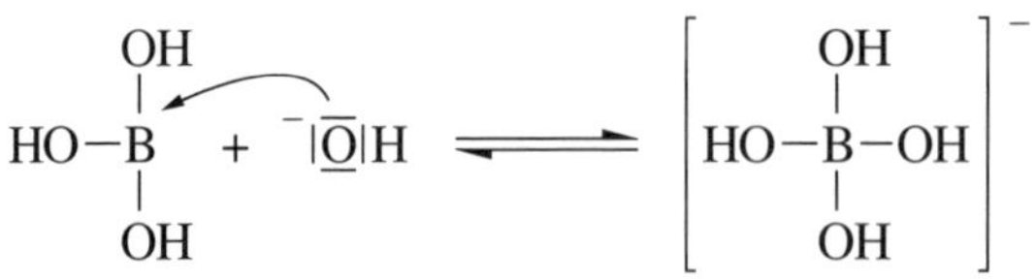

Lewis-Säure

Das durch Hydrolyse des Borax entstandene Anion $[B(OH)_4]^-$ vernetzt die Polysaccharid-Moleküle unter Abspaltung von Wasser zu einem dreidimensionalen Raumnetzmolekül:

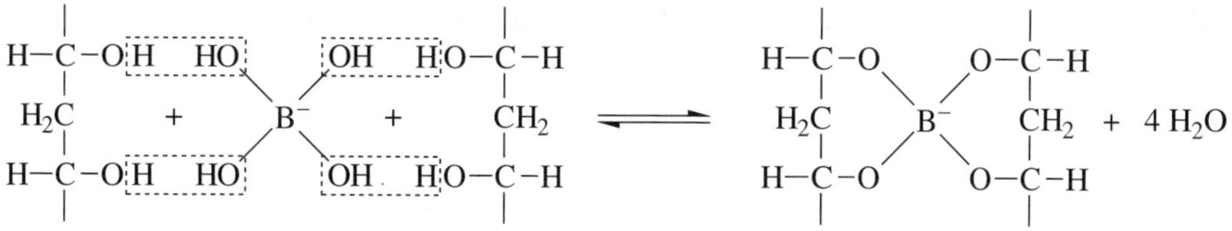

Polysaccharid Polysaccharid Raumnetzmolekül

Der Ladungsausgleich erfolgt jeweils durch die Natriumionen des Borax. Durch die Vernetzung sinkt die Wasserlöslichkeit des Polysaccharids.

Literatur:

H. J. Bader und *Z. Harji*: PdN-Chemie in der Schule, Heft 1/49 (2000), S. 38
J. Falbe, M. Regitz: Römpp-Lexikon Chemie, Band 2, 10. Auflage. Stuttgart 1997, S. 1623 (Guarmehl)
Herstellung von Alltagsprodukten – Experimente für den Chemieunterricht in der Sekundarstufe I. Chemielehrerfortbildungszentrum Dortmund, September 2006. Herstellung eines Slime, S. 49 – 50

Besondere Hinweise:

Bezugsquellen für Guar(kern)mehl:
Fa. Carl Roth GmbH, Karlsruhe
(Tel.: 07 21/5 60 60; e-mail: *info@carlroth.de)*
Art.-Nr. 3527.1; 1 kg-Flasche Guarmehl;
auch gut sortierte Reformhäuser bieten Guar(kern)mehl an

VE 10 Styrol als Vernetzer ungesättigter Polyester

Geräte:

Kleine Schüssel aus Metall oder Glas, Glas- oder Holzstab, evtl. durchlöchertes Metallblech, Schere, Pinsel

Chemikalien:

Ungesättigtes Polyesterharz, Styrol, Härterpaste, Glasfasermatte (zugänglich als Reparaturharz-Set; Bezugsquelle: Baumarkt)

Nr.	Substanzname	Gefahrensymbole	R-Sätze	S-Sätze	K M R_E R_F	VbF	Unterrichts-Einsatz
	Maleinsäure 2-Buten-1,4-disäure	Xn	22-36/37/38	2-26-28.1-37			+
	Glycol 1,1-Ethandiol	Xn	22	2			+
	Styrol	Xn	10-20-36/38	2-23.2		AII	°
	Handelsübliche Härtepaste (vgl. dazu V 1: „Besondere Hinweise“)	Xi, O					SI

Durchführung:

Man richtet sich nach der Gebrauchsanweisung auf dem Reparaturset.
Prinzip:
In eine Portion Reparaturharz (ungesättigter Polyester, gelöst in Styrol) wird etwas Härterpaste eingerührt.
Die Mischung wird sich selbst überlassen.
Mit Hilfe eines Pinsels kann man ein Stück Glasfasergewebe mit diesem Gemisch tränken und damit Blechschäden ausbessern.

Beobachtung und Ergebnis:

Nach etwa 45 Minuten (produktabhängig) ist die Masse fest geworden.
Aus dem thermoplastischen, ungesättigten Polyester ist durch die Vernetzung mit Styrol ein Duroplast entstanden.

Entsorgung:

Das Reaktionsprodukt wird dem organischen Feststoffabfall übergeben. Metallreste vorher entfernen!

Erklärung:

Ein ungesättigter, linearer Polyester entsteht z. B. aus Maleinsäure und Glycol durch Polykondensation:

$$n\,\mathrm{HOOC{-}CH{=}CH{-}COOH} + n\,\mathrm{HO{-}CH_2{-}CH_2{-}OH} \longrightarrow$$

Maleinsäure Glykol

$$\left[\mathrm{-\overset{\overset{\displaystyle O}{\|}}{C}{-}CH{=}CH{-}\overset{\overset{\displaystyle O}{\|}}{C}{-}O{-}CH_2{-}CH_2{-}O-}\right]_n + (2n{-}1)\,\mathrm{H_2O}$$

unges. Polyester Wasser

Der Härter, vermutlich Dibenzoylperoxid (R−R), bildet leicht Radikale, die z. B. zunächst das Styrol angreifen:

$$\mathrm{R{-}R} \longrightarrow 2\,\mathrm{R}\cdot$$

Starter Radikale

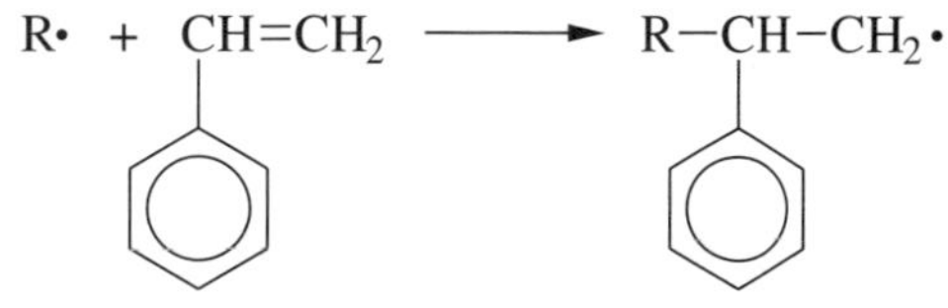

Styrol Radikal I

Das Radikal I kann z. B. eine C=C-Doppelbindung des ungesättigten Polyesters homolytisch spalten:

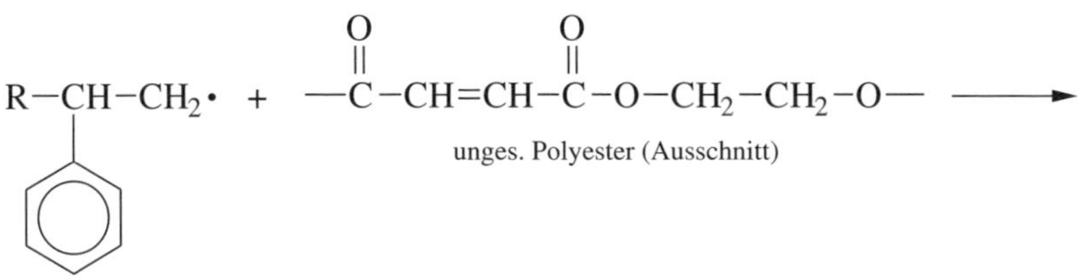

unges. Polyester (Ausschnitt)

Radikal I

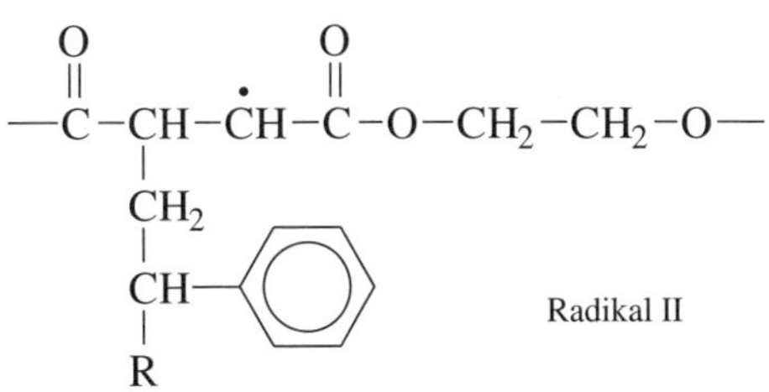

Radikal II

Das so entstandene Radikal II wiederum kann als Starter auf Styrol einwirken und so für die Vernetzung des ungesättigten Polyesters durch Styrol sorgen:

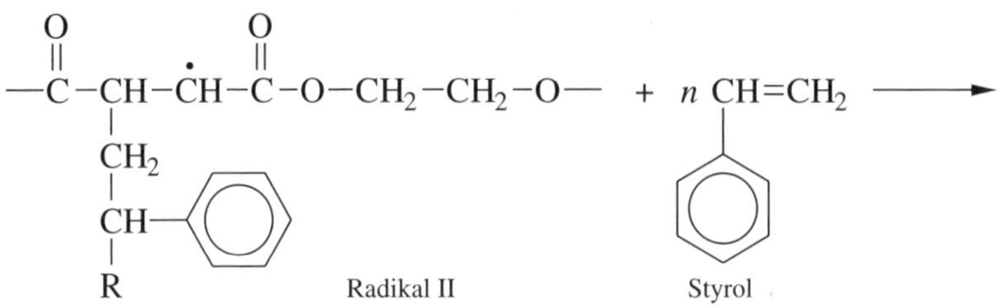

Radikal II Styrol

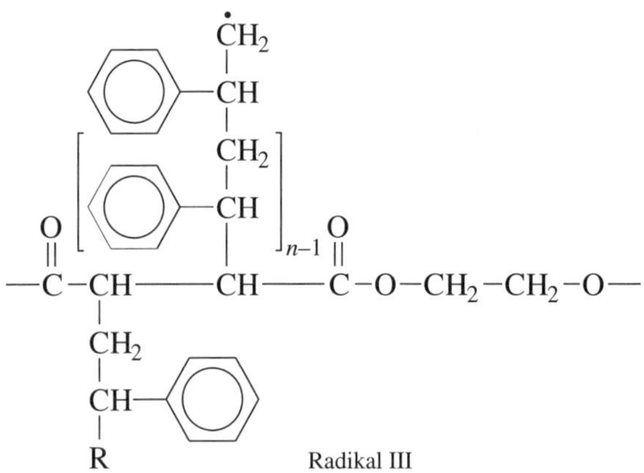

Radikal III

Im nächsten Schritt kann Radikal III eine C=C-Doppelbindung des ungesättigten Polyesters homolytisch spalten; das entstehende Radikal kann entweder mit Styrol reagieren und so eine weitere Vernetzung vorbereiten oder durch Reaktion mit einem anderen Radikal den Abbruch bewirken.

Literatur:

H. Wambach (Hrsg.): Materialen-Handbuch Kursunterricht Chemie, Band 5: Makromoleküle – Biochemie. Köln 1997, S. 145 – 147

VE 11

Modellversuch zum Zusammenhang zwischen Viskosität und Kettenlänge von Makromolekülen

Geräte:

Stativ mit 2 Trichterhaltern oder Filtriergestell für 2 Trichter, 2 Glastrichter (äußerer Halsdurchmesser ca. 1,5 cm), Schere

Chemikalien:

2 Päckchen Zahnstocher oder Streichhölzer

Durchführung:

Versuch 1 :
Die Zahnstocher (Streichhölzer) aus dem einen Päckchen werden in einen der Trichter geschüttet.
Versuch 2:
Die Zahnstocher (Streichhölzer) aus dem anderen Päckchen werden zunächst mit der Schere halbiert und dann in den anderen Trichter geschüttet.
Weitere Versuche:
Die Zahnstocher (Streichhölzer) werden in immer kleinere Stücke zerschnitten und in die Trichter geschüttet.

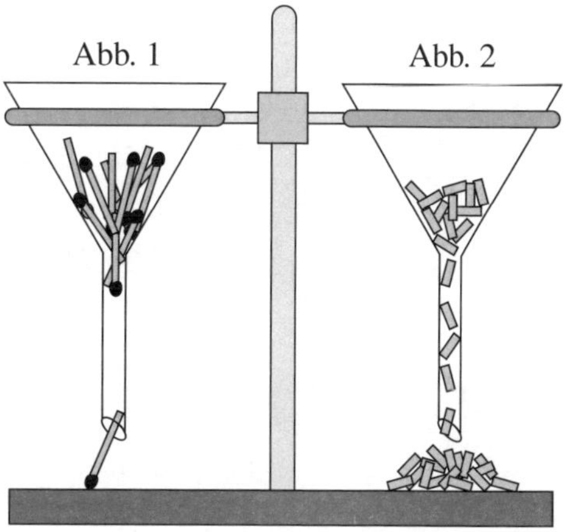

Beobachtung und Ergebnis:

Versuch 1:
Bis auf wenige Ausnahmen bleiben die Zahnstocher (Streichhölzer) vor dem Trichterhals hängen (Abb. 1).
Versuch 2:
Im Vergleich zu Versuch 1 sind mehr Holzstückchen hindurch gefallen (Abb. 2).
Weitere Versuche:
Je kürzer die Holzstücke sind, desto mehr fallen hindurch.

Erfahrungen:

Um ganz deutliche Ergebnisse zu erhalten, empfiehlt sich das Zerschneiden der Zahnstocher (Streichhölzer) mit der Schere: Die glatten Trennflächen vermeiden das Verhaken von Holzstückchen untereinander.

Erklärung:

Dieser Modellversuch soll auf *sehr* vereinfachte Weise den Zusammenhang zwischen der Kettenlänge von Makromolekülen und ihrer Viskosität darstellen. Prinzip: Je zähflüssiger (viskoser) die Lösung eines definierten Polymers ist, desto größer ist die Kettenlänge der gelösten Makromoleküle. (Auf die Verteilung der Häufigkeit und den Einfluss der Gestalt der Makromoleküle wurde hier bewusst verzichtet.)

In der Technik ist der Zusammenhang zwischen Viskosität und Kettenlänge z. B. beim Spinnvorgang wichtig. Die unterschiedlich langen Holzstückchen in den einzelnen Versuchen symbolisieren die Makromoleküle unterschiedlicher Kettenlänge, der Hals des Trichters die Spinndüse.

Durch diesen Modellversuch soll erkannt werden, dass für jeden Spinnvorgang eine bestimmte, reproduzierbare Kettenlänge der Makromoleküle erforderlich ist:

Die Makromoleküle dürfen nur so lang sein, dass sie problemlos durch die (haarfeine!) Spinndüse passen; wären sie aber zu kurz, würde man kein festes Polymer und damit keinen Faden erhalten. Experimentell lässt sich die Kettenlänge durch Viskositätsmessungen überprüfen.

Literatur:

(Vergriffene) Werkschrift der Vereinigten Glanzstoff-Fabriken AG, Wuppertal-Elberfeld 1959

Gewinnung von Kartoffelstärke

Geräte:
2 Bechergläser (250 mL), Geschirrtuch, Reibe, Schüssel, Messer; evtl. Mikroskop, Objektträger, Deckgläschen

Chemikalien:
4 große Kartoffeln, Wasser; evtl. Lugolsche Lösung

Nr.	Substanzname	Gefahrensymbole	R-Sätze	S-Sätze	K M R_E R_F	VbF	Unterrichts-Einsatz
670	Lugolsche Lösung Iod-Iodkalium-Lösung						SI

Durchführung:
Die Kartoffeln werden geschält und gerieben. Man gibt 200 – 300 g der geriebenen Kartoffeln in eine Schüssel und gießt 200 mL Wasser hinzu. Die Suspension wird durch ein Geschirrtuch in ein Becherglas gepresst. Der Rückstand im Geschirrtuch wird 2 – 3 mal mit wenig Wasser aufgerührt und ebenfalls in das Becherglas ausgepresst.
Nach 5 – 10 Minuten hat sich die Stärke im Becherglas abgesetzt. Die überstehende Flüssigkeit wird dekantiert; die zurückbleibende Stärke kann als Ausgangsmaterial zur Herstellung einer Folie dienen (Versuch NMM 1; vgl. Besondere Hinweise).
Evtl. kann man eine kleine Probe der Stärke auf einen Objektträger geben, mit wenigen Tropfen Lugolscher Lösung versetzen und unter dem Mikroskop betrachten.

Beobachtung und Ergebnis:
Nach dem Trocknen erhält man ein weißliches, wasserunlösliches Pulver.
Unter dem Mikroskop erkennt man mit Hilfe von Lugolscher Lösung blau bis blauschwarz verfärbte Körner, die im Inneren konzentrische oder exzentrische Kreise aufweisen.

Entsorgung:
Alle Reste können in das Abwasser oder zum Hausmüll gegeben werden.

Erklärung:
In der Sprossknolle Kartoffel sind offensichtlich geschichtete rundlichovale Stärkekörner als Kohlenhydratspeicher eingelagert. Durch mechanische Einwirkung lassen sie sich aus dem Zellverband herauslösen.

Literatur:
Werbeheft „Indikator" Nr. 9 (1998) des Klett-Verlags, Stuttgart 1998, S. 4 – 5

Besondere Hinweise:
Zur Demonstration weiterer Verwendungsmöglichkeiten der selbst gewonnenen Stärke lässt man aus einem Teil durch Aufkochen mit wenig Wasser Stärkekleister herstellen. Damit lassen sich Klebeversuche (Holz, Papier, Glas (Objektträger)) durchführen und die Anwendung des Kleisters als Wäschestärke zeigen.

DNA-Isolierung aus Zwiebeln oder Tomaten

Geräte:

Becherglas (100 mL), Becherglas (200 mL) mit dazu passendem Wasserbad (Wasserschale), Thermometer (bis 100 °C), Messzylinder oder -pipette (10 mL), Dreifuß mit Ceranplatte und Brenner, Mörser (ca. 250 mL) mit Pistill oder Küchenpürrierstab, Spatel, Trichter, Filterpapier, Reagenzglas, Glas- oder Holzstab

Chemikalien:

Eis für Eisbad, Spülmittel, Feinwaschmittel, Natriumchlorid (Kochsalz), dest. Wasser, mittelgroße Zwiebel oder Tomate, Ethanol (w = 90 – 96 %) (vgl. Besondere Hinweise)

Nr.	Substanzname	Gefahrensymbole	R-Sätze	S-Sätze	K M R_E R_F	VbF	Unterrichts-Einsatz
	Ethanol Ethylalkohol 96 %	F	11	2-7-16	B		+

Durchführung:

Am Vortag wird das Ethanol in das Tiefkühlfach gestellt.

5 mL Spülmittel und 2 Spatelspitzen Natriumchlorid (1 – 2 g) werden in einem Becherglas (200 mL) in 50 mL Wasser gelöst.

Die Zwiebel oder Tomate wird fein zerschnitten (gehackt) in diese Lösung gegeben.

Das Becherglas wird 15 min. lang im Wasserbad auf 60 °C erwärmt. Anschließend wird das Becherglas für einige Minuten in kaltem Wasser (günstiger: Eisbad) gekühlt.

Danach gibt man den Inhalt des Becherglases in einen Mörser und zerquetscht die Zwiebel, so dass ein körniges Mus entsteht. Alternative: Man pürriert die Lösung *nur 5 Sekunden*. Die Mischung wird filtriert. Ca. 5 mL des Filtrats werden in einem Reagenzglas mit einigen Körnern Feinwaschmittel gut gemischt. Der Reagenzglasinhalt wird in ein Becherglas (100 mL) gegeben und mit dem sehr kalten (!) Ethanol vorsichtig überschichtet.

Beobachtung und Ergebnis:
Die DNA setzt sich an der Grenzfläche in der oberen Schicht (Ethanol) ab; sie kann mit einem Glasstab, einfacher mit einem rauhen Holzstäbchen, herausgefischt werden.

Entsorgung:
Ethanolhaltige Rückstände werden in den Ausguss geschüttet, die übrigen Reste können in den Hausmüll gegeben werden.

Erklärungen:
– Zum Begriff DNA:
DNA = Desoxyribo-Nucleic-Acid (engl.) = DNS = Desoxyribo-Nuclein-Säure.
Die DNA ist der Träger der genetischen Information in den Chromosomen des Zellkerns. Das DNA-Makromolekül ist ein sog. Polynucleotid mit der molaren Masse $M \approx 10\,000\,000\ g \cdot mol^{-1}$:

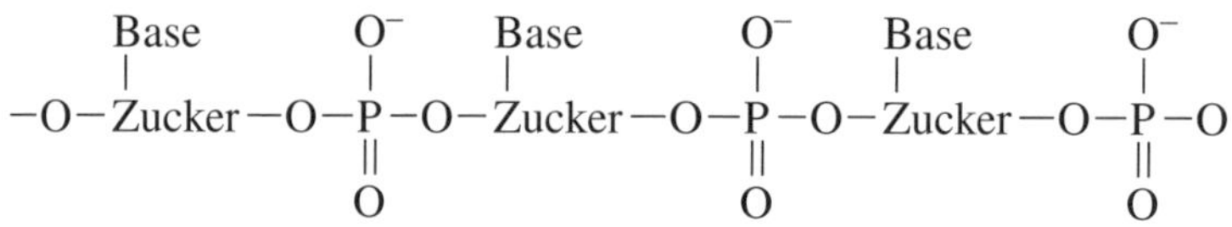

Base = N-haltige Hetrocyclen

Das Polynucleotid ist ein natürlich vorkommender Polyester (saure Komponente: Phosphorsäure; alkoholische Komponente: Zucker).
Näheres zum Aufbau und den Funktionen der DNA siehe Lehrbücher der Biologie.

Zur Isolierung der DNA im vorliegenden Versuch:
Das Verfahren zur Isolierung der DNA beruht im Prinzip auf der Löslichkeit der DNA in 6 – 10 %iger Kochsalzlösung und auf ihrer Unlöslichkeit in Ethanol.
Zunächst sorgt das Spülmittel in der etwa 6 %igen Kochsalzlösung durch seinen lipophilen Teil dafür, dass die lipidhaltigen Zellmembranen, die u. a. Zellkern und Zellwand der pflanzlichen Zellen umhüllen, aufgebrochen werden. Die dadurch aus dem Zellkern freigesetzte DNA löst sich in der sie umgebenden Kochsalzlösung. Unterstützt wird dieser Vorgang durch Erwärmen, da hierbei Enzyme, welche die DNA abbauen können, sog. DNAsen, zerstört werden. Das mechanische Zerstören der Zellwand (Cellulose) durch

Mörsern oder Pürrieren unterstützt das Freisetzen der DNA. Beide Vorgänge dürfen nicht zu lange ausgedehnt werden, da dadurch die DNA selbst geschädigt werden könnte.
Beim Filtrieren bleiben die Zellwandbestandteile auf dem Filter zurück; die ebenfalls aus der Zelle stammenden Proteine und die DNA befinden sich im Filtrat.
Das zugesetzte Feinwaschmittel enthält das Enzym Protease, welches die Proteine im Filtrat abbaut; dazu sind nur geringe Mengen dieses Enzyms erforderlich.
Da Ethanol und Wasser in jedem Verhältnis mischbar sind, muss das Überlagern des Filtrats mit Ethanol *vorsichtig* erfolgen, um zwei Schichten zu erhalten.
Die in Ethanol unlösliche DNA fällt als weißlicher, weicher Niederschlag darin aus.
Die niedrige Temperatur des Ethanols (obere Schicht) soll vermutlich dafür sorgen, dass
- die Löslichkeit der DNA in Ethanol noch weiter herabgesetzt wird und
- durch die verlangsamte Diffusion der Lösemittelmoleküle an der Grenzfläche der Schichten deren Vermischung verlangsamt wird.

Literatur:

GEN-WELTEN, Experimente für die Schule. Experiment 1: DNA aus Zwiebeln. Labor-Skript Biologie, Universität Bonn (ohne Datum)
Die Genknacker Quarks & Co, Vorschau Aktuell Archiv *(http://www.quarks.de/gene/09.htm)*, Isolierung von DNA aus Tomaten oder Zwiebeln (ohne Datum)

Besondere Hinweise:

Das Ausfällen der DNA gelingt auch mit „Brennspiritus" (= vergälltes Ethanol), erhältlich im Drogeriemarkt.

NMM 1 Folie aus Kartoffelstärke

Geräte:

Waage, Erlenmeyerkolben (150 mL), Messzylinder (10 mL; 100 mL), Glasstab, Magnetrührer (falls vorhanden), Scheibe (ca. 50 cm × 50 cm) aus Plexiglas oder entsprechend große Schüssel aus Kunststoff, z. B. aus Polyethylen, evtl. Pinzette

Chemikalien:

Stärke aus Versuch NMG 1 und Kartoffelmehl oder käufliche Kartoffelstärke, Glycerin, Wasser

Nr.	Substanzname	Gefahrensymbole	R-Sätze	S-Sätze	K M R_E R_F	VbF	Unterrichts-Einsatz
502	Glycerin wasserfrei						SI
1010	Ethylalkohol 96 %						SI

Durchführung:

In einem Erlenmeyerkolben mischt man 5,5 g der ungetrockneten Stärke aus Versuch NMG 1 mit 1,8 g Kartoffelmehl oder 5,5 g käuflicher Kartoffelstärke mit 6 mL Glycerin und 50 mL dest. Wasser. Die Mischung wird in einem Wasserbad unter Rühren (Magnetrührer oder per Hand) erhitzt und ca. weitere 15 Minuten unter Rühren auf 100 °C gehalten. Dann gießt man die heiße Masse möglichst blasenfrei auf eine Plexiglasscheibe oder auf den Boden einer Kunststoffschüssel, stellt diese an einem erschütterungsfreien Ort ab und lässt 48 Stunden trocknen.

Beobachtung und Ergebnis:

Nach 48 Stunden kann man eine leicht trübe Folie abziehen; die Folie ist nicht reißfest.

Entsorgung:

Alle anfallenden Reste können in den Hausmüll bzw. zum Abwasser gegeben werden.

Erfahrungen:

Am besten gelingt der Versuch unter Verwendung einer Plexiglasplatte. Von

Platten bzw. Schüsseln aus anderem Material lässt sich die Folie schlechter lösen und reißt leicht ab.
Käufliche Kartoffelstärke kann man ebenso gut verwenden wie die selbst hergestellte Stärke aus Versuch NMG 1. Da die Portion der selbst hergestellten Stärke (nach Vorschrift von Versuch NMG 1) für diesen Versuch nicht ausreicht, muss man etwas käufliches Kartoffelmehl (= Kartoffelstärke) zusetzen oder den Stärkeansatz für die Folie entsprechend reduzieren. Durch Veränderung des Glycerinanteils lassen sich die Eigenschaften der Folie etwas variieren: Mehr Glycerin sorgt für eine etwas weichere Folie.

Erklärung:
Aufgrund der zahlreichen polaren Hydroxylgruppen ist Stärke in heißem Wasser stark quellbar. Das Volumen der Stärkekörner kann dabei bis zu 28 % zunehmen. In siedendem Wasser erfolgt eine partielle Hydrolyse der Polysaccharidketten; dabei entsteht eine kolloidale Lösung, die beim Abkühlen zu einem Gel erstarrt. Die nun gestreckten Stärkeketten verflechten beim Trocknen zu einem filmartigen Material. Das stark hygroskopische Glycerin wirkt als Weichmacher: Es unterstützt den Quellungsvorgang und erhöht die Geschmeidigkeit der Folie, da es besonders die kristallinen Bereiche der Stärke angreift, welche die Folie spröde machen. Nach dem Trocknen bleibt das Glycerin größtenteils in der Folie zurück und bindet einen Teil des aufgenommenen Wassers, das ebenfalls als Weichmacher wirkt.

Literatur:
Werbeheft „Indikator" Nr. 9 (1998) des Klett-Verlags, Stuttgart 1998, S. 4 – 5
A. Steinweg, V. Woest: Fachdidaktik Chemie an der Universität Bremen. Skript zur regionalen GDCh-Fortbildung für Lehrerinnen und Lehrer im Dez. 1998 über Experimente zum Thema „Kunststoffe", Versuch 1
I. Kühn: Verpackungen aus nachwachsenden Rohstoffen. NiU Chemie 9 (1998), Heft 45, S. 26
Bader/Sommerfeld/Haas: Nachwachsende Rohstoffe. Aug. Hedinger GmbH & Co. Stuttgart 1995, Versuch 5
J. Falbe, M. Regitz: Römpp-Lexikon Chemie, Band 5, 10. Auflage. Stuttgart 1999, S. 4209 – 4211

Besondere Hinweise:
Diese Folie ist nicht wasserfest (vgl. Versuch RE 10).

NMM 2

Schaumstoff STÄRKOPOR aus Stärke

Geräte:

Zur Durchführung des Versuchs in der Schule:
Esslöffel, Teelöffel, kleine Schüssel, Trockenschrank, flacher, glatter Teller (Durchmesser ca. 20 cm),
stumpfes Messer; Topflappen oder Wärmeschutzhandschuhe
Zur Durchführung des Versuchs als Hausaufgabe:
Ersatz des Trockenschranks durch Herd oder Waffeleisen; Trinkglas

Chemikalien:

Kartoffel- oder Maisstärke, Gelatine, Backpulver, Wasser; (Speise-)öl zum Einfetten des Tellers oder des Waffeleisens

Nr.	Substanzname	Gefahrensymbole	R-Sätze	S-Sätze	K M R_E R_F	VbF	Unterrichts-Einsatz
1010	Stärke						SI
496	Gelatine						SI
814	Natriumphosphat						SI
793	Natriumhydrogencarbonat						SI

Dinatriumdiphosphat ($Na_2H_2P_2O_7$) und Natriumhydrogencarbonat sind Bestandteile des Backpulvers.

Durchführung:

Trockenschrank oder Herd auf etwa 180 °C (Umluftherd ca. 170 °C) vorheizen.
Ein gestrichener Esslöffel Kartoffel- oder Maisstärke (ca. 10 g) wird mit ½ Teelöffel Backpulver und mit ¼ Teelöffel Gelatinepulver innig vermischt. Unter ständigem Rühren setzt man 1 ½ Esslöffel (ca. 15 mL) Wasser zu, gießt das Gemisch auf den schwach gefetteten Teller und stellt diesen in den vorgeheizten Trockenschrank oder Herd; danach wird die Heizung ausgeschaltet.
Nach ca. 10 Minuten nimmt man den Teller (Vorsicht, heiß!) heraus und überprüft die Konsistenz des Gemischs:

Falls sich mit Hilfe eines stumpfen Messers die Folie ablösen lässt, kann man daraus mit der Hand z. B. ein Schälchen formen.
Sollte das Gemisch noch zu dünnflüssig sein, heizt man unter ständigem Kontrollieren noch einige Minuten nach.
Für das Backen der Mischung im Waffeleisen benötigt man den doppelten Ansatz; die noch warme gebackene Masse kann man über ein Trinkglas stülpen; sie erhält so die Form eines Schälchens.

Beobachtung und Ergebnis:
Durch das Backen entsteht unter günstigen Bedingungen eine weiße, poröse Masse (Schichtdicke auf dem Teller ca. 1 – 2 mm), die sich gut abziehen und verformen lässt.
Aus Stärke, Gelatine und Backpulver ist unter Einwirkung von Wärme ein fester Schaumstoff (STÄRKOPOR) entstanden.

Entsorgung:
Alle anfallenden Reste können zum Hausmüll gegeben werden.

Erfahrungen:
Die Konsistenz des Produkts kann unterschiedlich sein: Bei zu langem Erhitzen und/oder zu geringer Schichtdicke erhält man dünne, spröde Stücke, die den käuflichen Backoblaten ähneln; bei zu kurzer Backzeit und/oder zu großer Schichtdicke muss man die zu weiche Masse unter ständigem Beobachten nacherhitzen, damit sie fester wird und sich abziehen lässt.

Erklärung:
Das Polysaccharid Stärke ist ein natürlich vorkommendes Makromolekül (pflanzlicher Kohlenhydratspeicher); Gelatine ist ein Protein, das durch Hydrolyse eines in tierischen Knochen enthaltenen Skleroproteins (Ossein) gewonnen wird.
Durch siedendes Wasser (Backtemperatur um 170 °C) quillt die Stärke zu Stärkekleister auf und bildet eine kolloidale Lösung, die beim Abkühlen zu einem Gel erstarrt. Unter den gleichen Bedingungen entsteht aus der Gelatine eine viskose Lösung, die sich beim Abkühlen zu einer gallertartigen Masse verfestigt. Beide Stoffe nehmen dabei Wasser über ihre polaren Gruppen auf; dabei bilden sich sowohl intramolekulare, wie intermolekulare Wasserstoffbrückenbindungen aus. Letztere sind dafür verantwortlich, dass die Makromoleküle der Gelatine aufgrund des Amidgerüstes und der pola-

ren Gruppen in den Seitenketten über besonders starke Bindungskräfte untereinander und zu den Makromolekülen der Stärke verfügen; Gelatine kann daher hier als „Klebemittel“ aufgefasst werden.
Das zugesetzte Backpulver sorgt durch die Abgabe von Kohlenstoffdioxid und Wasserdampf während des Backvorgangs für das Aufblähen des Gemischs; die entstandenen Gasblasen bleiben nach dem Abkühlen im (festen) Schaumstoff STÄRKOPOR erhalten.

Literatur:

Chemie entdecken – Experimentalwettbewerb der Klassenstufen 6 – 10 in NRW, Aufgabe 1 – 99: KÖLNER MODELL am Institut für Anorganische Chemie der Universität zu Köln, Greinstraße 6
J. Falbe, M. Regitz: Römpp-Lexikon Chemie, Band 5, 10. Auflage. Stuttgart 1999, S. 1484 (Gelatine), S. 4209 – 4211 (Stärke)

Besondere Hinweise:

Es bietet sich hier ein Vergleich der Eigenschaften von STÄRKOPOR mit einem modernen Schaumstoff aus Kunststoff, z. B. Styropor®, an, u. a. hinsichtlich des Verhaltens gegenüber Wasser:
Styropor® schwimmt auf dem Wasser, ist wasserunlöslich und biologisch nicht abbaubar (vgl. Versuch RE 10); STÄRKOPOR quillt in Wasser auf, ist wasserlöslich und biologisch abbaubar (vgl. Versuch RE 10 und die o. a. Lit.-Stelle des KÖLNER MODELL).

Kunsthorn aus Casein und 1,3,5-Trioxan

Geräte:

Waage, Spatel, Pipette, weites Reagenzglas, Glasstab, Wasserbad (Becherglas ca. 200 mL), Dreifuß mit Mineralfasernetz oder Ceranplatte, Gasbrenner, Stativ, Klammer, Muffe

Chemikalien:

Casein, verd. Natronlauge, (w = 10 %), 1,3,5-Trioxan

Nr.	Substanzname	Gefahrensymbole	R-Sätze	S-Sätze	K M R_E R_F	VbF	Unterrichts-Einsatz
287	Casein						SI
	Natriumhydroxid-Lösung ca. 10 % NaOH	C	35	1/2-26-37/39-45			+
	1,3,5-Trioxan Trioxmethylen	Xn	22	2-24/25			°

Durchführung:

Man arbeitet unter dem Abzug.
In das trockene Reagenzglas werden ca. 2 g Casein-Pulver gefüllt und mit etwa 3 mL verdünnter Natronlauge überschichtet. Man schüttelt gut durch und erhitzt im Wasserbad, bis sich das Casein gelöst hat. Dann fügt man ca. 0,5 cm^3 1,3,5-Trioxan hinzu, rührt das Gemisch mit dem Glasstab um und erhitzt wiederum im schwach siedenden Wasserbad, bis das Reaktionsgemisch leicht gelblich wird (Dauer: ca. 10 min).

Beobachtung und Ergebnis:

Beim Erwärmen des Caseins mit verdünnter Natronlauge bildet sich zunächst ein farbloses Sol. Durch Erhitzen mit 1,3,5-Trioxan entsteht daraus eine gelbliche, zähe Masse, die nach dem Erkalten fest wird.

Entsorgung:

Das Reaktionsprodukt wird zu den festen organischen Abfällen gegeben.

Erfahrungen:

Die Benutzung eines Wasserbads vermeidet das Überhitzen des Reaktionsgemischs und damit die unkontrollierte Freisetzung von Methanal. Aus dem gleichen Grund wird das 1,3,5-Trioxan im Unterschuss zum Casein eingesetzt; die Polykondensation ist daher nicht vollständig.

Erklärung:

Casein ist ein Phosphoprotein und in Form von Calciumcaseinat der wichtigste Eiweißbestandteil der Säugetiermilch. In verdünnter Natronlauge ist Casein beim Erwärmen unter Quellung löslich:
Um die Carboxylationen und die Hydroxylgruppen in den Seitenketten bilden sich Hydrathüllen, die durch ihre räumliche Ausdehnung die Caseinmoleküle auseinander drängen; in die entstehenden Hohlräume werden zusätzlich Wassermoleküle eingelagert. Gleichzeitig wird der Phosphorsäurerest abgespalten.
Das zugesetzte 1,3,5-Trioxan wird in der Schmelze allmählich depolymerisiert ($Fp_{1,3,5\text{-Trioxan}}$ = 63 °C). Das entstehende Methanal vernetzt („härtet") die Caseinmoleküle unter Abspaltung von Wasser (Polykondensation) zu festem „Kunsthorn":

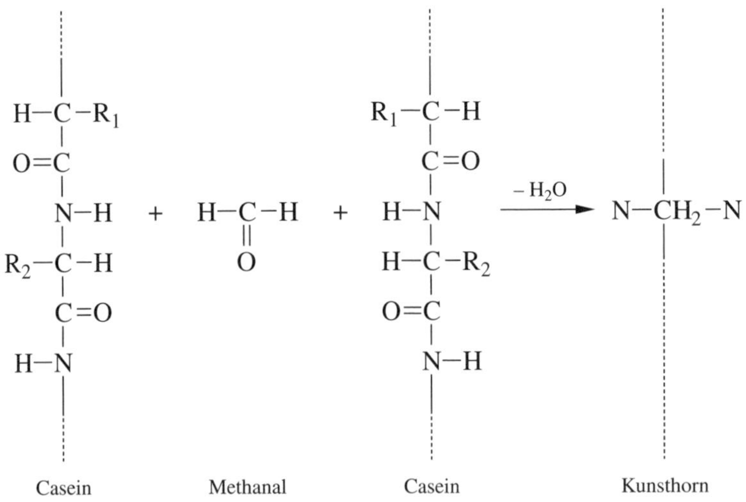

R_1, R_2 = Seitenketten

Literatur:

G. Hildenbrand: Chemie der Kunst- und Farbstoffe. Freiburg im Breisgau 1976, S. 15

H. Beyer: Lehrbuch der organischen Chemie, 18. Auflage. Stuttgart 1978, S. 744

J. Falbe, M. Regitz: Römpp-Lexikon Chemie, Band 1, 10. Auflage. Stuttgart 1996, S. 624 und Band 2; Stuttgart 1997, S. 1449

O. Krätz: ChiuZ 38 (2004), Heft 2, S. 133 – 137, Stein aus Milch

Besondere Hinweise:

Kunsthorn zählt zu den ältesten Kunststoffen: Technisch hergestellt wurde Kunsthorn ab 1897; es fand Verwendung u. a. für Knöpfe und Messergriffe. Bekanntester Handelsname: Galalith®.

Als „Milchstein" wurde Kunsthorn in den 30er Jahren des vorigen Jahrhunderts zu prächtigem Modeschmuck verarbeitet.

Heute haben Caseinkunststoffe nur noch historische Bedeutung, da sich die Aushärtung der Werkstücke mit Methanal oft über mehrere Wochen hinzieht.

NMM 4

Leim aus Casein

Geräte:

Kleine Glas-, Porzellan- oder Kunststoffschüssel, Teelöffel, evtl. Pinsel, flache Holzstückchen zum Verleimen, Wäscheklammern

Chemikalien:

Magerquark (ohne Zusatzstoffe), Natriumhydroxid-Plätzchen oder Natriumhydrogencarbonat

Nr.	Substanzname	Gefahrensymbole	R-Sätze	S-Sätze	K M R_E R_F	VbF	Unterrichts-Einsatz
	Natriumhydroxid wasserfrei; NaOH	C	35	1/2-26-37/39-45			+
793	Natriumhydrogencarbonat; $NaHCO_3$						SI

Durchführung:

In dem Schüsselchen wird ein schwach gehäufter Teelöffel Magerquark mit einem Plätzchen Natriumhydroxid oder mit knapp 1 cm^3 Natriumhydrogencarbonat so lange gerührt, bis sich das Natriumhydroxid (Natriumhydrogencarbonat) aufgelöst hat (Dauer: 2 – 3 Minuten). Man überlässt das Gemisch 10 – 15 Minuten sich selbst. Danach bestreicht man mit Hilfe des Pinsels oder des Teelöffels jede der zu verklebenden Seiten der Holzstückchen mit der entstandenen Mischung, fixiert mit den Wäscheklammern und lässt trocknen. Anschließend legt man die verklebten Holzstückchen in eine Schüssel mit Wasser.

Beobachtung und Ergebnis:

Durch die (in beiden Fällen) entstehende Natronlauge quillt das Casein des (wasserhaltigen) Magerquarks unter Bildung einer gelblichen, plastischen Masse auf. Diese wird zum Verkleben der Holzstücke benutzt; das Trocknen der Verklebungen dauert mindestens 24 Stunden. Dabei müssen die Klebestellen durch die Klammern ständig unter Druck gehalten werden. In Wasser lösen sich die Holzstücke nach einiger Zeit wieder voneinander.

Entsorgung:

Alle anfallenden Reste können zum Hausmüll gegeben werden.

Erklärung:

Es wird ein sogenannter Caseinleim hergestellt:
Das natürliche Makromolekül Casein ist der wichtigste Eiweißbestandteil der Säugetiermilch, in der es als Calciumcaseinat enthalten ist. Bei Zimmertemperatur quillt Casein durch Natronlauge auf. Dabei entstehen um die Carboxylationen und die Hydroxylgruppen in den Seitenketten Hydrathüllen, die durch ihre räumliche Ausdehnung die Caseinmoleküle auseinander drängen; in die entstehenden Hohlräume können weitere Wassermoleküle eingelagert werden.
Die Klebkraft des Caseinleims beruht auf den starken Bindungskräften zwischen den Wasserstoffbrücken und den schwächeren van-der-Waals-Kräften zwischen den unpolaren Kohlenwasserstoffabschnitten der beteiligten Stoffe.
Beide Arten von Bindungen ergeben sich in der Trocknungsphase der Verklebungen („Abbinden" des Klebstoffs). Sie entstehen zum einen zwischen den einzelnen Caseinmolekülen; hier bewirken sie die für Klebstoffe charakteristische starke Kohäsion. Zum anderen werden sie zwischen den Caseinmolekülen und den Bestandteilen des zu verklebenden Holzes ausgebildet; dort sorgen sie für die ebenfalls charakteristisch große Adhäsion der Klebstoffe. In der Praxis werden Caseinleime ausschließlich zum (umweltverträglichen) Verkleben von Holz eingesetzt. Caseinleime sind wasserlöslich.

Literatur:

G. Vollmer, Ch. Merschemke (Hrsg.): Chemie in Köln und Umgebung. Bonn 1997, S. 3 – 6 (Fa. Wacker Chemie GmbH, Köln-Niehl)
J. Falbe, M. Regitz: Römpp-Lexikon Chemie, Band 4, 10. Auflage. Stuttgart 1998, S. 2823

Besondere Hinweise:

Caseinleim wurde bereits von den Ägyptern um 1300 v. Chr. zur Holzverleimung verwendet („Leim der alten Ägypter"). Vermutlich wurde zur Erzeugung der Natronlauge sog. Trona (Mischung von Soda und Natriumhydrogencarbonat) benutzt: Natürliche Vorkommen z. B. in den Natronseen von Ägypten (Wadi natrun).
Wichtig für die Haltbarkeit der Verklebungen: Ägypten hat trockenes Klima. Es bietet sich ein Vergleich der Eigenschaften (Abbindezeit, Klebkraft, Wasserlöslichkeit) mit modernen, kunststoffhaltigen Holzklebstoffen an (*Vollmer*), ebenso mit einem selbst hergestellten Kleber aus Polystyrol (Versuch VE 6).
Bei Verwendung von Natriumhydrogencarbonat arbeitet man ohne Gefahrstoff.

NMM 5 Leim aus Gelatine

Geräte:

Elektrische Heizplatte, Metallschüssel für Wasserbad, kleine Glasschüssel oder Becherglas (ca. 150 mL), Glas- oder Holzstab (Schaschlikspieß), evtl. Pinsel, Material zum Verkleben (z. B. flache Holzstückchen, Papier, Pappe)

Chemikalien:

Gummibärchen, Wasser

Durchführung:

Je nach Gefäßgröße werden ca. 6 Gummibärchen (aus optischen Gründen gleichfarbig) in das Glasgefäß getan und im Wasserbad bei etwa 60 °C zum Schmelzen gebracht. Damit sich die Mischung mit dem Pinsel gut verstreichen lässt, füge etwas Wasser hinzu. Führe anschließend Klebeproben durch.

Beobachtung und Ergebnis:

Dieser Leim ist für das Verkleben der o. a. Materialien sehr geeignet.
Fazit: Gummibärchen sind ein „bärenstarker“ Kleber!

Entsorgung:

Alle Abfälle können zum Hausmüll gegeben werden.

Erklärung:

Das wasserlösliche Protein Gelatine wird durch Auskochen von Haaren, Häuten und Knochen gewonnen. Die Gelatine entsteht hierbei durch Hydrolyse des wasserunlöslichen Kollagens, einer Gruppe langfaseriger Skleroproteine. In Wasser quillt Gelatine stark auf. Ihre Hauptbestandteile sind Glycin, Prolin, Hydroxyprolin, Glutaminsäure, Alanin, Arginin und Asparaginsäure.

Wie bei allen Klebern beruht auch die Klebkraft der Gelatine einerseits auf der Kohäsion zwischen den Makromolekülen des Klebers und andererseits auf der Adhäsion zwischen Kleber und zu verklebendem Material:

Verantwortlich für die starke Kohäsionskraft der Gelatine sind wohl die polaren Wasserstoffbrücken-Bindungen zwischen ihren Makromolekülen, z. B. über Hydroxyl- und Aminogruppen; sicherlich beruht die auffallend große Adhäsionskraft zu den Cellulosemolekülen des zu verklebenden Materials

hier ebenfalls auf den Bindungen zwischen den polaren Gruppen der Gelatine und den Hydroxylgruppen der Cellulose.
Zusätzlich unterstützt werden diese Bindungskräfte durch die van-der-Waals-Kräfte zwischen den unpolaren Anteilen der Makromoleküle.

Literatur:

R. T. Morrison/R. N. Boyd: Lehrbuch der Organischen Chemie, 2. Auflage. Weinheim 1978, S. 1247

J. Falbe, M. Regitz: Römpp-Lexikon Chemie, Band 2, 10. Auflage. Stuttgart 1997, S. 1484

Chemie entdecken – Experimentalwettbewerb der Klassenstufen 6 – 10 in NRW, Aufgabe 1-2002: KÖLNER MODELL am Institut für Anorganische Chemie der Universität zu Köln, Greinstraße 6

Besondere Hinweise:

Im Alltag verwendet man Kollagen („Knochenleim“) zum Verkleben von Holz, Papier und Pappe, da Kollagen ein ebenso guter, aber weitaus preiswerterer Leim als Gelatine ist.
Nachteile der Leime aus Gelatine:
Quellbar in kaltem, löslich in warmem Wasser; leicht bakteriell abbaubar.

NMM 6

Herstellung von Cuprofasern aus Cellulose

Geräte:

Waage, Heizplatte, Erlenmeyerkolben (50 mL) mit passendem Gummistopfen, Messzylinder (20 mL), Messpipette (5 mL)
Zum Ausfällen und Trocknen der Fäden: 20-mL-Spritze aus Kunststoff (PE), Kanüle aus Glas oder Kunststoff, Schlauchstück zur Verbindung zwischen Spritze und Kanüle, Schere, Pinzette, 4 (Glas-)schalen (ca. 10 cm breit und 5 cm hoch), Glasstab, 2 Stative mit Klammern und Muffen

Chemikalien:

Kupfer(II)-sulfat-Pentahydrat, Ammoniaklösung (w = 20 %), Natronlauge (w = 32 %), Schwefelsäure (w = 1 %), Watte aus reiner *Baumwolle*

Nr.	Substanzname	Gefahrensymbole	R-Sätze	S-Sätze	K M R_E R_F	VbF	Unterrichts-Einsatz
	Kupfer(II)-sulfat-Lösung $CuSO_4 \cdot 5H_2O$	Xn	22-36/38-50/53	2-22-60-61			+
	Ammoniak-Lösung 10 % ≤ w < 25 %	C	34	1/2-26-36/37 39-45-61			+
	Natriumhydroxid-Lösung w = 32 %	C	35	1/2-26-37/39-45			+
	Schwefelsäure 5 % ≤ w < 15 %	Xi	36/38	2-26			+

Durchführung:

In dem Erlenmeyerkolben werden 3,2 g Kupfersulfat-Pentahydrat in 7,5 mL destilliertem, warmem Wasser gelöst. Nach dem Abkühlen setzt man 12,5 mL 20 %ige Ammoniaklösung, anschließend 2 mL 32 %ige Natronlauge zu. In diese Cuoxam-Lösung werden 0,6 g Watte eingebracht. Man verschließt mit dem Gummistopfen und schüttelt so lange, bis die Cellulose gelöst ist. Aus der erhaltenen Lösung kann ein Spinnfaden gezogen werden. Dazu saugt man die Lösung in die Spritze und setzt danach die Kanüle auf. Als Fällbad stellt man eine Glasschale mit 32 %iger Natronlauge bereit. Erst wenn die Spinnlösung aus der Kanüle tritt, wird letztere in die Natronlauge eingetaucht; der sich bildende

Faden wird mit Hilfe einer Pinzette abgezogen; man kann ihn kontinuierlich um einen Glasstab wickeln oder vorteilhafter mit der Schere in Stücke von etwa 10 – 20 cm Länge schneiden, die in einer zweiten Schale mit 32 %iger Natronlauge durchgehärtet werden. Anschließend belässt man die Fäden für 5 – 10 Minuten in destilliertem Wasser, taucht sie dann zur Entkupferung kurz in 1 %ige Schwefelsäure und wäscht sie nochmals mit Wasser. Zum Trocknen hängt man die Fäden unter leichter Spannung zwischen zwei Stativen auf. Die Spinnlösung lässt sich noch einige Tage verwenden.

Beobachtung und Ergebnis:
Cellulose löst sich in ammoniakalischer Kupfer(II)-sulfatlösung und kann daraus als Regeneratcellulose in Fadenform ausgefällt werden.

Entsorgung:
Die Lösungen werden nach der Neutralisation zu den Schwermetallsalzlösungen gegeben.

Erklärung:
E. Schweitzer entdeckte (1857), dass sich Cellulose in einer ammoniakalischen Kupfer(II)-hydroxidlösung (Schweitzers Reagenz; Cupferoxid-Ammoniaklösung, Kurzform: Cuoxam-Lösung) auflöst. Der Lösevorgang durch den darin enthaltenen Tetramminkupfer(II)-Komplex beruht auf einer teilweisen Hydrolyse der Cellulose. Durch ein Fällbad lässt sich die Cellulose daraus wieder in Fadenform ausfällen; die anorganischen Bestandteile werden dabei abgespalten. Die molare Masse der ausgefällten Fäden ist deutlich geringer als die der unbehandelten Cellulose. Im technischen Maßstab wird die Spinnlösung direkt im sog. Thiele-Spinntrichter in schwach alkalischer Lösung in Cellulose und die anorganischen Begleitstoffe zerlegt. Die „Kupferseide“ hat heute nur noch historische Bedeutung: Als „Bemberg-Seide“(Herstellername) wurde sie bis um die Mitte des 20. Jahrhunderts zu eleganter Damenwäsche und -oberbekleidung verarbeitet.

Literatur:
F. Bukatsch/W. Glöckner (Hrsg.): Experimentelle Schulchemie: Organische Chemie 3. Köln 1977, S. 29 – 30
J. Falbe, M. Regitz: Römpp-Lexikon Chemie, Bd. 1, 10. Auflage. Stuttgart 1996, S. 636 – 638 (Cellulose)
J. Falbe, M. Regitz: Römpp-Lexikon Chemie, Bd. 3, 10. Auflage. Stuttgart 1979, S. 2299 – 2300 (Kunstseiden)

NMM 7

Folie aus Chitosan

Geräte:

Waage, Dreibein mit Mineralfasernetz, Brenner, evtl. Thermometer, Becherglas (250 mL), Messzylinder (50 mL), Spatel, Glasstab, 2 glatte Kunststoffplatten (ca. 10 cm × 10 cm, z. B. Dosendeckel)

Chemikalien:

Chitosan, Essigsäure (w = 12 %), Glycerin

Nr.	Substanzname	Gefahrensymbole	R-Sätze	S-Sätze	K M R_E R_F	VbF	Unterrichts-Einsatz
	Essigsäure 25 % ≤ w < 90 %	C	10-35	1/2-23-26-45			+
502	Glycerin Propantriol wasserfrei						SI

Chitosan ist gesundheitlich unbedenklich (s. Besondere Hinweise). In der Soester Liste ist Chitosan nicht aufgeführt.

Durchführung:

Man arbeitet unter dem Abzug.

50 mL der Essigsäure werden leicht erwärmt (auf etwa 40 °C); unter ständigem Umrühren gibt man langsam 1 g Chitosan hinzu, wartet ab, bis sich dieses gelöst hat und lässt abkühlen. Dann gießt man etwa die Hälfte des Gels auf eine der Kunststoffplatten aus; unter die restliche Lösung rührt man einige Tropfen Glycerin und gießt sie auf die andere Kunststoffplatte. Danach lässt man trocknen.

Beobachtung und Ergebnis:

Nach etwa 10 Minuten hat sich aus dem weißlichen Pulver Chitosan und der Essigsäure ein zähflüssiges, farbloses Gel gebildet. Die ausgegossenen Lösungen benötigen – je nach Bedingungen – einen oder auch mehrere Tage zum Trocknen. Es bleiben transparente, flexible Filme zurück, die sich leicht von den Kunststoffplatten abziehen lassen. Das zugesetzte Glycerin wirkt als Weichmacher:

Die glycerinhaltige Folie ist geschmeidiger und dadurch etwas reißfest.

Entsorgung:
Die Folien können in den Hausmüll gegeben werden.

Erfahrungen:
Um beim Ausgießen des Chitosan-Gels auf die Kunststoffplatten möglichst dünne Schichten zu erhalten, sollte man das Auseinanderfließen der jeweiligen Lösung durch geeignetes Drehen der Platte unterstützen.

Erklärung:
Chitosan gehört zu den natürlich vorkommenden Makromolekülen der aminozuckerhaltigen Polysaccharide, z. B. ist es in einigen Pilzarten enthalten. Kommerziell wird Chitosan auch durch Deacetylierung des Chitins gewonnen, dem Hauptbestandteil der Hüllsubstanz von Insekten, Krusten- und Schalentieren. Dabei können die N-Acetylgruppen des Chitins durch Amidhydrolyse mit Natronlauge oder schonender auf enzymatischem Wege entfernt werden. Vollständig deacetyliertes Chitosan ist das Homopolymer aus D-Glucosamin.
Die Löslichkeit von Chitosan in verdünnten Säuren, z. B. in Essigsäure, beruht auf dem Gehalt an freien Aminogruppen, die den Charakter des Chitosans als schwach basisches Polymer (pKS = 6,3) bestimmen.
Dabei herrschen zwischen benachbarten Makromolekülen starke Wasserstoffbrückenbindungen, die sich vor allem zwischen Amino- und Hydroxylgruppen, aber auch zwischen den Hydoxylgruppen untereinander ausbilden.
Die zugesetzte Säure, z. B. Essigsäure (CH_3-COOH), zerstört die Wasserstoffbrückenbindungen zwischen den freien Aminogruppen und den Hydroxylgruppen durch Abgabe eines Protons an die Aminogruppe:
Chitosanrest-NH_2 + CH_3COOH $\rightarrow$ Chitosanrest-NH_3^+ + CH_3COO^-

An die freien Sauerstoffpaare des Carboxlatrests lagern sich Wassermoleküle an und sorgen somit für das Aufquellen des Chitosangerüsts: Es entsteht ein Gel.
Nach dem Trocknen bleibt die veränderte Anordnung der Makromoleküle zueinander offensichtlich erhalten. Zur Wirkung von Glycerin als Weichmacher vgl. Erklärung zu Versuch NMM1.

Den Zusammenhang und die Unterschiede zwischen den Polysacchariden Cellulose, Chitin und Chitosan zeigen die folgenden Formeln:

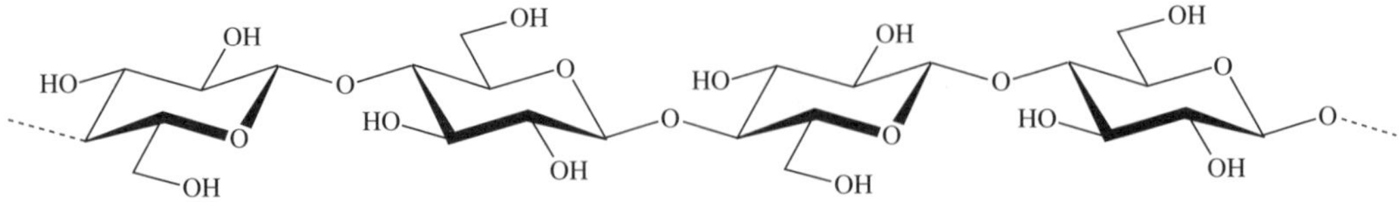

Cellulose: Poly-β-1,4-D-glucose

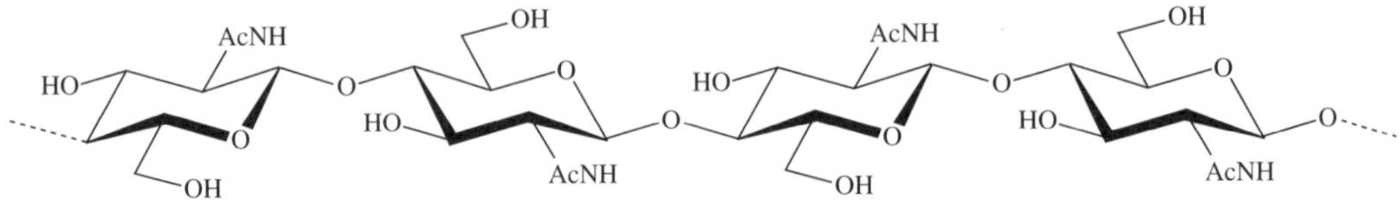

Chitin: Poly-β-1,4-acetyl-D-glucosamin

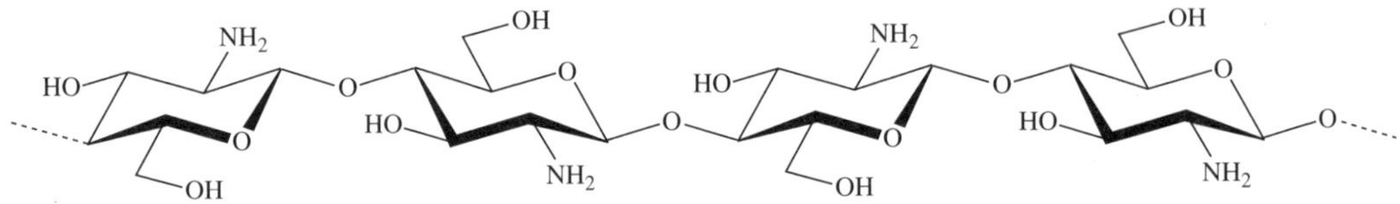

Chitosan: Poly-β-1,4-glucosamin

Die Folien aus Chitosan sind kompostierbar (vgl. Versuch RE 10).
Chitosan-Folien finden heute Anwendung z. B. als umweltverträgliche und antimikrobielle Lebensmittelverpackungen und zur Verkapselung von Arzneimitteln, die erst im Körper freigesetzt werden sollen.
In Pulverform wird Chitosan zur Abwasserreinigung eingesetzt, da es Proteine und Schwermetalle adsorbiert.

Besondere Hinweise:

Aufgrund seiner Eigenschaft, Cholesterin und Fett zu binden, findet Chitosan neuerdings in Schlankheitspräparaten Anwendung (vgl. Versuch NMM 8).

Literatur:

Bader/Sommerfeld/Haas: Nachwachsende Rohstoffe. Aug. Hedinger GmbH & Co. Stuttgart 1995, Versuch 6
D. Schanzenbach: Chitin und Chitosan – Chemie und Biochemie vielseitiger Naturstoffe. PdN – Chemie in der Schule 49 (2000), Heft 6, S. 8 – 17
G. Memmet, E. Danulat: Von Panzertieren und einem Stoff, der Wunder wirkt. GEO Nr. 7/2000, S. 155 – 168

Chitosan in Schlankheitsmitteln

Geräte:

Reagenzglasgestell, Reagenzgläser, Spatel, evtl. Messer

Chemikalien:

Chitosan oder Formoline L 112®-Tabletten (Bezugsquelle Apotheke; Wirkstoff: Chitosan), Speiseöl, durchgefärbte Wachskerze oder Paprikapulver (edelsüß), Wasser

Chitosan ist gesundheitlich unbedenklich.

Durchführung:

Man gibt etwa 0,5 cm^3 oder rund die Hälfte einer zu Pulver zerdrückten Formoline L 112®-Tablette in ein Reagenzglas, fügt etwa 0,5 mL Speiseöl hinzu und schüttelt gut durch. Dann werden ca. 2 mL Wasser zugesetzt, das Gemisch wird erneut geschüttelt und beobachtet.

Beobachtung und Ergebnis:

An der Oberfläche des Gemischs setzen sich dicke, gelbliche Flocken ab, in denen das Öl gebunden ist.

Es ist eine deutliche Volumenzunahme der Chitosan-Portion zu erkennen. Die untere wässrige Schicht wird allmählich klar und farblos. Das Öl ist demnach praktisch vollständig vom Chitosan oder der Formoline L 112®-Tablette aufgenommen worden.

Entsorgung:

Hausmüll

Erfahrungen:

Zum deutlicheren Erkennen der Wirkung des Chitosans kann man das Öl mit einem fettlöslichen, in Wasser hingegen unlöslichen Farbstoff anfärben, der sich folgendermaßen gewinnen lässt:

Man verbringt einige Späne einer durchgefärbten Wachskerze in etwas Öl und schüttelt gut durch. Nach einigen Minuten ist der Farbübergang erfolgt. Man gibt eine Spatelspitze Paprikapulver (edelsüß) in etwas Öl und schüttelt um. Das Öl färbt sich intensiv orangerot.

Erklärung:

Das Chitosanmolekül (vgl. Versuch NMM 7) ist ein schwach basisches Polymer (Schanzenbach) und weist keine lipophilen Gruppen auf.

Zum Wirkungsmechanismus der Fettaufnahme durch das Chitosan gibt es unterschiedliche Ansichten.

1. Aufnahme des Fetts durch Sorption (*Neumüller*):

Der Begriff Sorption (lat.: sorbere = schlucken) ist eine Sammelbezeichnung für alle Vorgänge, bei denen ein Stoff durch einen anderen mit ihm in Berührung stehenden Stoff selektiv aufgenommen wird, insbesondere durch dessen Porenstruktur. Die Volumenvergrößerung des Chitosans nach der Entmischung der Wasser-Öl-Emulsion könnte auf eine Absorption des Öls durch das Chitosan hindeuten.

2. Binden der Fette durch Neutralisation (*Brümmer, Schill*):

„Der zugrunde liegende Wirkungsmechanismus ist relativ simpel. Chitosan ist positiv ionisch geladen und kann daher im Darm die negativ geladenen Fette binden. Diese Bindung ist allerdings nicht reversibel, so dass man auch von einer „Fettfalle“ spricht (fat-trap). Chitosan kann das Sechs- bis Achtfache seines Gewichtes an Fett binden. Diesen Komplex kann der Verdauungstrakt nicht mehr aufnehmen. Somit wird das Fett schlicht wieder ausgeschieden.“

Literatur:

BILD vom 13. 3. 2001, Ausgabe 61/11, S. 1

J. Falbe, M. Regitz: Römpp-Lexikon Chemie, Band 1, 10. Auflage. Stuttgart 1996, S. 21 – 22

J. Falbe, M. Regitz: Römpp-Lexikon Chemie, Band 5, 10. Auflage. Stuttgart 1999, S. 4156

Werbung für z. B. FORMOLINE L 112® unter *www.formoline.de*

D. Schanzenbach: Chitin und Chitosan – Chemie und Biochemie vielseitiger Naturstoffe. PdN – Chemie in der Schule 49 (2000), Heft 6, S. 8 – 17

F. Brümmer, R. O. Schill: Aus Neptuns Schatzkammer – Naturstoffe aus dem Meer. VdBiol Biologen heute, Vol 4/2006, S. 1 – 11: Der Artikel als pdf-Dokument: neptunsschaetze_vdbiol.pdf (1 MB) unter *www.vdbiol.de/content/e1/e1128/e5519/index_ger.html*

Anstrichfarbe und wasserunlöslicher Leim aus Casein und Kalkmilch

Geräte:
Eine kleine und eine etwas größere Glas-, Porzellan- oder Kunststoffschüssel, Teelöffel, evtl. Pinsel, flache Holzstückchen zum Anstreichen und Verkleben, kleinere Steine zum Anstreichen

Chemikalien:
Magerquark (ohne Zusatzstoffe); Calciumoxid, Wasser

Nr.	Substanzname	Gefahrensymbole	R-Sätze	S-Sätze	K M R_E R_F	VbF	Unterrichts-Einsatz
	Calciumoxid Ätzkalk CaO	C	34	26-36			+

Durchführung:
In dem Schüsselchen wird ein gestrichener Teelöffel Magerquark mit etwa 0,5 cm^3 Calciumoxid so lange verrührt, bis eine annähernd homogene Mischung entstanden ist. Diese trägt man mit Hilfe des Teelöffels oder eines Pinsels auf die Holzstücke und Steine auf und lässt einige Stunden trocknen. Will man die Holzstücke verkleben, fixiert man diese bis zum Trocknen mit einer Wäscheklammer.
Danach legt man die angestrichenen und die verklebten Gegenstände in eine Schüssel mit Wasser, um auf Wasserechtheit zu prüfen.

Beobachtung und Ergebnis:
Auch nach mehreren Tagen hat sich weder der Anstrich, noch der Leim in Wasser gelöst.

Entsorgung:
Alle anfallenden Reste können zum Hausmüll gegeben werden.

Erklärung:

Das Makromolekül Casein dient hier wiederum als Bindemittel (vgl. NMM 4), und zwar

- bei der *Anstrichfarbe* zwischen der Farbe und der anzustreichenden Fläche Das Calciumoxid, sowie die mit dem Wasser aus dem nassen Magerquark entstandene „Kalkmilch", reagieren mit dem Kohlenstoffdioxid der Luft allmählich zu dem in Wasser schwer löslichen, weißen Calciumcarbonat, das hier als Pigment dient. Dieses ist feinkörniger und gleichmäßiger verteilt im Vergleich zu fertigem Calciumcarbonat, zugesetzt in Pulverform.
- bei dem *wasser**un**löslichen* Caseinleim zwischen dem Leim und den zu verklebenden Materialien. Während der aus Casein und Natronlauge hergestellte „Leim der alten Ägypter" (NMM 4) wasserlöslich ist (Natriumcaseinat ist wasserlöslich), ist dies beim Leim aus Casein und Calciumoxid nicht der Fall (Calciumcaseinat ist ebenfalls wasserlöslich):
  Das entstehende, praktisch wasserunlösliche Calciumcarbonat fixiert offensichtlich auch die Caseinmoleküle.

Im Falle der Anstrichfarbe und des Leims herrschen starke Bindungskräfte zwischen den Wasserstoffbrücken und schwächere van-der-Waals-Kräfte zwischen den unpolaren Kohlenwasserstoffabschnitten der beteiligten Stoffe (Nähere Erklärung bei NMM 4).

Literatur:

J. Falbe, M. Regitz: Römpp-Lexikon Chemie, Band 1, 10., völlig überarbeitete Auflage. Stuttgart 1996, S. 433 – 434 (Bindemittel); S. 577 – 578 (Calciumhydroxid); S. 624 (Caseinanstrich, Caseinleime)

Besondere Hinweise:

Man kann die Vorschrift abwandeln, indem man z. B. aus (*nicht* homogenisierter) Frischmilch durch Zusatz von Essigsäure Casein gewinnt und dieses an Stelle des Magerquarks einsetzt.

Man kann von Casein in Pulverform ausgehen und anstelle des Calciumoxids Kalkmilch zusetzen.

Trennung eines Stoffgemisches im Windsichter

Geräte:

Haarföhn (evtl. Kaltluft), Rohr aus transparentem Kunststoff, etwa 50 cm lang mit etwa 5 cm Durchmesser (passend zum Föhn), z. B. Verpackung für Poster (statt Papprolle) oder in gut sortierten Baumärkten, 2 Stücke engmaschiges Drahtnetz (Fliegengitter oder Teesieb), Größe jeweils 5 × 5 cm, Heißklebepistole oder Zweikomponentenkleber

Chemikalien:

Granulat (selbst hergestellte Würfelchen von ca. 3 mm Kantenlänge) aus verschiedenen Kunststoffen und Holz

Durchführung:

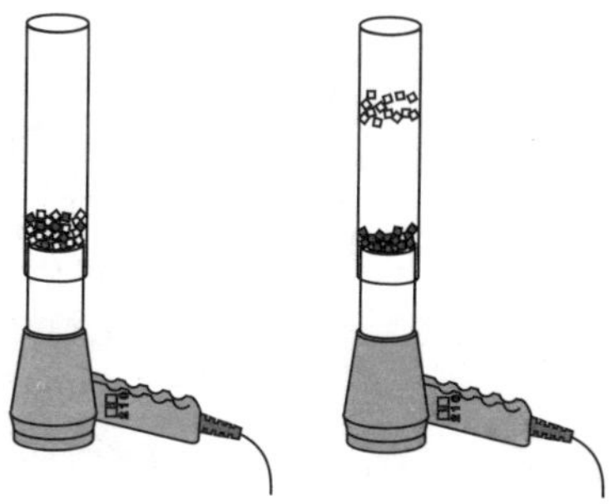

Vorbereitung: Aus einem der beiden Drahtnetze wird eine runde Scheibe geschnitten, deren Durchmesser dem Innendurchmesser des Rohres entspricht. Man klebt diese Scheibe mit Heißkleber etwa 5 cm von einer Öffnung entfernt in das Rohr und schiebt den Föhn hinein (s. Skizze).

Versuch: Die Säule wird senkrecht eingespannt. Das Granulatgemisch wird in das Rohr gefüllt und die obere Öffnung mit dem zweiten Drahtnetz bedeckt. Der Föhn wird eingeschaltet. Durch teilweises Verschließen der Öffnung mit der Hand oder Klebeband lässt sich der Luft- und Gasstrom so einregulieren, dass die leichteren Würfelchen bis zum oberen Ende des Rohres steigen, während die schwereren im unteren Rohrteil verwirbelt werden.

Beobachtung und Ergebnis:

Durch Windsichten lassen sich Stoffgemische geeigneter Korngröße, Dichte und Form voneinander trennen.

Erfahrungen:

Das Windsichten beruht auf Dichteunterschieden und Unterschieden im Luftwiderstand. Daher spielt auch die Form des Trennmaterials eine Rolle (Kugeln haben hier den geringsten Luftwiderstand). Man sollte daher auf gleiche Form der Partikel achten (z. B. Würfelchen).

Literatur:

W. Glöckner/W. Jansen/R. G. Weissenhorn (Hrsg.): Handbuch der experimentellen Chemie Sek. II, Band 12. Aulis Verlag, Köln 1997, S. 96f.
H. J. Bader: Kunststoff-Recycling. Praxis Schriftenreihe Chemie, Bd. 40. Aulis Verlag, Köln 1983, S. 32

Besondere Hinweise:

Die Trennung von Abfallgemischen ist ein Hauptproblem des Recycling. Ein Verfahren, das etwa zum Abtrennen von Kunststoffen – besonders Kunststofffolien – und Papier aus dem Hausmüll geeignet ist, ist das in der Technik in vielen Bereichen angewandte „Windsichten". Hierbei wird im einfachsten Fall in einem Rohr von unten ein Luftstrom durch eine Mischung staubförmiger, faseriger oder körniger Stoffe geblasen.
Diese werden je nach ihrer Dichte, Form und Größe verschieden weit von dem Luftstrom mitgerissen bzw. hintereinander am oberen Rohrende ausgetragen, so dass eine Stofftrennung stattfindet (s. Abb.).
Bei längerer Versuchsdauer kommt es zu einer starken Erwärmung, die vermieden werden sollte. Durch Umbau eines Billigföhns (z. B. 5 Euro) kann man sich leicht ein regulierbares Kaltluftgebläse herstellen. Dazu öffnet man das Gerät, entfernt das Netzkabel und lötet zwei dünne Kupferlitzen direkt an die Anschlüsse des Motors. Die beiden Litzen führt man nun anstelle des Netzkabels aus dem Gerät und schließt sie an ein schulübliches Stromversorgungsgerät (0 – 24 V) an (evtl. Physikkollegen zu Rate ziehen).
Durch Variation des Gasstroms kann man die besten Trennbedingungen demonstrieren. Es bieten sich auch Versuche mit anderen Stoffgemischen an (Textilabfälle, kompakte Plastikteile usw.). Weiterhin lässt sich zeigen, dass feuchtes Papier und feuchte Kunststofffolien kaum von anderen Abfällen mit einem einfachen Windsichter getrennt werden können.

Trennung von Kunststoffgemischen durch Schwimm-Sink-Verfahren

Geräte:

3 Stck. 250-mL-Bechergläser, Sieblöffel oder kleines Teesieb, Schere oder Seitenschneider

Chemikalien:

200 mL Kochsalzlösung ($\rho = 1{,}17\ g \cdot mL^{-1}$; w(NaCl) = 23 %) (keine Gefahrenhinweise)
200 mL Natriumthiosulfatlösung ($\rho = 1{,}37\ g \cdot mL^{-1}$; $w(Na_2S_2O_3) = 40\ \%$) (keine Gefahrenhinweise)
200 mL Wasser, $\rho = 1\ g \cdot mL^{-1}$
Polyethylenabfälle ($\rho = 0{,}94\ g \cdot cm^{-3}$)
Polystyrolabfälle ($\rho = 1{,}05\ g \cdot cm^{-3}$)
Abfälle von Weich-PVC ($\rho = 1{,}2\ g \cdot cm^{-3}$)
Abfälle von Hart-PVC ($\rho = 1{,}38 - 1{,}4\ g \cdot cm^{-3}$)
Zur Beschaffung von Kunststoffproben siehe die Vorbemerkungen zum Teil „Analyse von Kunststoffen".

Durchführung:

Jeweils 2 g der angegebenen Abfälle werden mit einer Schere in kleine Stükke zerteilt und in einem Becherglas vermengt. Man gibt 200 mL Wasser hinzu und rührt mit dem Löffel um. Die Polyethylenabfälle schwimmen auf und werden mit dem Löffel abgeschöpft. Nun wird das Wasser dekantiert und durch die Kochsalzlösung ersetzt. Die nun aufschwimmende Polystyrolfraktion wird ebenfalls mit dem Löffel abgeschöpft. Nachdem die Kochsalzlösung dekantiert ist, wird das Becherglas mit der Natriumthiosulfatlösung aufgefüllt. Jetzt schwimmen die Stücke aus Weich-PVC an der Oberfläche, die Stücke aus Hart-PVC bleiben auf dem Boden des Becherglases.

Entsorgung:

Die Salzlösungen werden in die Vorratsgefäße zurück gegeben. Sie können auch für Versuche AN 5 und AN 6 verwendet werden.

Literatur:

W. Glöckner/W. Jansen/R. G. Weissenhorn (Hrsg.): Handbuch der experimentellen Chemie Sek. II, Band 12. Aulis Verlag, Köln 1997, S. 98f.

Besondere Hinweise:

Durch sorgfältiges Umrühren ist sicherzustellen, dass keine Luftblasen an den Kunststoffproben haften.

Anstelle von Natriumthiosulfat kann auch Calciumchlorid oder Magnesiumchlorid verwendet werden.

Sowohl im Hausmüll als auch beispielsweise beim Verschrotten von Kraftfahrzeugen fallen Mischungen von Kunststoffen an. Möchte man diese einem Recycling zuführen, ist es wegen der weitaus besseren Qualität der zu erhaltenen Produkte vorteilhaft, die Mischungen zunächst in reine Kunststoffsorten aufzutrennen. Kunststoffmischungen, deren einzelne Komponenten sich in ihrer Dichte um mindestens 0,2 $g \cdot cm^{-3}$ unterscheiden, lassen sich durch Schwimm-Sink-Verfahren trennen. Reine Kunststofffraktionen erhält man nur dann, wenn die einzelnen Kunststoffe nicht übermäßig verschmutzt oder mit Füllstoffen versehen sind, welche die Dichte stark beeinflussen.

Recycling von Thermoplasten durch Zusammensintern

Geräte:
Heizplatte, Aluminiumfolie, Deckel einer Farb- oder Cremedose, Tiegelzange, Becherglas

Chemikalien:
Fettcreme, Polyethylenabfälle (z. B. zerkleinerte Einwegflasche aus Polyethylen, Kantenlänge max. 0,5 cm)

Durchführung:
Zunächst wird die innere Fläche des Deckels mit Aluminiumfolie bedeckt. Die Folie wird dabei vorsichtig mit den Fingern in die Ecken gedrückt, die überstehenden Ränder kann man nach außen um den Rand des Deckels falten.
Der Deckel wird auf die Heizplatte gestellt und mit Polyethylenabfällen gefüllt. Man sollte nur so viel Polyethylen einsetzen, dass zwei Schichten der Abfälle übereinander liegen. Man heizt nun, bis das Polyethylen glasig wird und zusammenschmilzt. Um diesen Vorgang zu beschleunigen, wird der Boden des Becherglases außen dünn mit Fettcreme eingerieben und zwei- bis dreimal wie ein Stempel auf den Deckelinhalt gedrückt. Wenn die obere Lage der Abfälle zusammengeschmolzen, aber noch nicht flüssig ist, wird die Heizplatte ausgestellt. Der Deckel wird nun vorsichtig mit der Tiegelzange angefasst und unter einen kalten Wasserstrahl gehalten. Jetzt Iässt sich eine Scheibe aus zusammengeschmolzenem Polyethylen entnehmen.

Beobachtung:
Die Polyethylenstücke werden beim Erwärmen weich und glasig. Unterstützt durch Druck lassen sie sich in diesem Zustand zu einem neuen Gegenstand formen. Bei diesem ist die äußere Form der Abfallstücke vielfach noch zu sehen.

Ergebnis:
Durch Zusammensintern lassen sich Recyclingprodukte herstellen.

Entsorgung:
Die Abfälle können dem Hausmüll zugegeben werden.

Literatur:

W. Glöckner/W. Jansen/R. G. Weissenhorn (Hrsg.): Handbuch der experimentellen Chemie Sek. II, Band 12. Aulis Verlag, Köln 1997, S. 100
H. J. Bader: Kunststoffabfälle als Rohstoffquelle – 5 Schülerversuche. arbeiten und lernen / Die Arbeitslehre 8 (1986), S. 37

Besondere Hinweise:

Bei zu starkem und zu schnellem Erhitzen der Polyethylenabfälle zersetzt sich der Kunststoff, wobei ein unangenehmer Geruch auftritt. Da sich dies bei Schülerversuchen jedoch kaum gänzlich vermeiden lässt, ist der Raum gut zu lüften.
Oftmals fallen Mischungen verschiedener Kunststoffe als Abfälle an, die noch zusätzlich verschmutzt sind. Solche Kunststoffabfälle lassen sich nur mit Schwierigkeiten über die Schmelze – also etwa durch Extrudieren – einem Recycling zuführen, da die unterschiedlichen Kunststoffe sich in der Schmelze nicht immer mischen. Problematisch ist besonders die stark wechselnde mechanische Festigkeit von Recyclingprodukten aus undefinierten Kunststoffmischungen, die nur beschränkte Einsatzmöglichkeiten erlaubt. Für Produkte, die nicht hoch belastet werden müssen, und deren Äußeres weniger wichtig ist oder sich kaschieren lässt, bietet sich das obige Verfahren an. Dabei werden Thermoplastenabfälle nur oberflächlich geschmolzen und dann in eine Form gepresst. Nach diesem Prinzip werden heute etwa Füße für Baustellenabsperrungen und zähelastische Gittersteine zur Straßenrandbefestigung hergestellt. Der Vorteil dieses Zusammensinterns liegt in dem vergleichsweise geringen Energieaufwand gegenüber Prozessen, in denen Kunststoffe vollständig geschmolzen werden. Daher ist dieses Verfahren preisgünstig.
Der Versuch gelingt (im Gegensatz zu RE 4) auch bei gleichzeitiger Verwendung verschiedener Kunststoffsorten; z. B. erhält man auch dann noch ein brauchbares Produkt, wenn man Stücke von Polystyrol, Polymethylmethacrylat oder Polypropylen zugibt. Mit Polyvinylchlorid funktioniert dieser Versuch auch; wegen des eventuellen Auftretens von problematischen Zersetzungsprodukten sollte es aber nicht verwendet werden.

Recycling von Thermoplasten durch Umschmelzen

RE 4

Geräte:

Elektrische Heizplatte oder Dreifuß mit Ceranplatte und Gasbrenner, evtl. Eisen- oder Stahlplatte, Aluminiumfolie, Back-Ausstechformen (z. B. Sterne, Hasen u. ä.), Becherglas (500 mL), Schere, evtl. Seitenschneider, Thermostifte oder -fühler, Holzstab (z. B. Zahnstocher)

Chemikalien:

Schnitzel aus Kunststoff-Verpackungsmaterial: Polystyrol (PS) (Verpackungskennzeichen 06, z. B. CD-Hüllen), Polypropen (PP, z. B. Duschgelflaschen); Wasser

Durchführung:

Man arbeitet unter dem Abzug.

Das Verpackungsmaterial wird in kleine Schnitzel geschnitten. Die Heiz- oder Ceranplatte wird mit einem ebenen Blech aus Eisen oder Stahl abgedeckt. Darauf legt man eine Alu-Folie. Die Backformen werden auf die Alu-Folie gesetzt und jeweils mit den Schnitzeln *einer* Kunststoffsorte beschickt. Zur gleichmäßigeren Wärmeverteilung deckt man die Formen mit zwei- bis dreifach gefalteter Alu-Folie ab. Anschließend erhitzt man die Heiz- oder Ceranplatte langsam, bis die Schnitzel zu schmelzen beginnen. Die Temperatur regelt man – ggf. durch Wegnehmen der Heizquelle – so ein, dass sich eine klare Schmelze bildet. Sobald dies geschehen ist, nimmt man das Blech mit den Förmchen (mit Inhalt) von der Heizquelle und lässt abkühlen. Dabei kann man mit dem Holzstab ein Loch in die noch weiche Schmelze zum Aufhängen der Figuren einstechen.

Beobachtung:

Es entstehen feste, gelbliche, blasenhaltige Umschmelzprodukte, die sich nach dem Abkühlen (vorsichtig) aus der Form herausbrechen lassen: Je nach Backform erhält man z. B. Sterne oder Osterhasen.

Die entstandenen Formprodukte kann man in ein Becherglas mit Wasser geben: Die Produkte aus Polyethylen schwimmen, diejenigen aus Polystyrol sinken langsam nach unten, falls sie (fast) blasenfrei sind.

Ergebnis:

Einige Thermoplaste, z. B. die hier verwendeten Verpackungsmaterialien, lassen sich durch Umschmelzen in eine neue Form bringen. Dabei treten –

wie bei allen thermischen Recyclingsverfahren – Zersetzungserscheinungen auf: Aus farblosen Edukten entstehen gelbliche Produkte.

Entsorgung:

Die Produkte können dem organischen Feststoffabfall zugeführt werden.

Erfahrungen:

Bei zu starkem Erhitzen tritt eine thermische Zersetzung der Kunststoffe ein. Mögliche Zersetzungsprodukte sind u. a. Benzol (T, F / R 45-11-48/23/24/25), Toluol (Xn, F / R 11-20), Styrol (Xn / R 10-20-36/38). Das Schmelzgut kann sich ggf. entzünden. Um zu vermeiden, dass sich die Verbindungsstellen der Backformen lösen, ist es zweckmäßig, die Formen mit Alu-Folie zu umwickeln. Es ist vorteilhafter, eine elektrische Heizplatte anstelle des Gasbrenners zu benutzen, da die Temperatur besser zu kontrollieren ist. Die Obergrenze der Schmelzbereiche der hier vorgeschlagenen Thermoplasten liegt um 130 °C; es sollten daher bei einer direkten Beheizung 150 °C nicht überschritten werden. Beim (sehr gut funktionierenden) Umschmelzen im Backofen oder Trockenschrank hingegen erwies sich eine Temperatureinstellung um 200 °C als optimal. Am besten macht man einen oder mehrere Vorversuche.

Literatur:

W. Glöckner et al., (Hrsg.): Handbuch der experimentellen Chemie Sek. II, Band 12. Köln 1997, S. 120, 122

H. J. Bader: Recycling von Kunststoffen. Praxis-Schriftenreihe Chemie, Bd. 40. Köln 1983

R. Blume, H. J. Bader: Umweltchemie im Experiment. Frankfurt/Main 1989, S. 208

A. Dickhäuser: Kunststoff-Recycling als Verwertung. Schriftl. Hausarbeit im zweiten Staatsexamen am Studienseminar II. Essen 1996, S. 61 ff.

B. Huckestein, Th. Plesnivy: Möglichkeiten und Grenzen des Kunststoffrecyclings. ChiuZ 34 (2000), S. 276 – 286

Besondere Hinweise:

Die verwendeten Kunststoffe findet man als gängige Verpackungsmaterialien (s. unter Chemikalien).

Wichtig: Das *Umschmelzen* von Thermoplasten gelingt nur, wenn man *eine* Kunststoffsorte pro Förmchen einsetzt (vgl. o. a. Versuch), das *Zusammensintern* hingegen auch bei Verwendung von *unterschiedlichen* Thermoplasten.

Recycling von Polystyrolschaum (Styropor®)

Geräte:

Tee-Ei aus Metall, Gasbrenner, Dreifuß mit Drahtnetz oder Keramikplatte, 250-mL-Becherglas, Glastrichter, kleines Sieb, Stativ mit Muffe und Klemme

Chemikalien:

Abfälle von Styropor (besonders geeignet sind kompakte, feste Stücke; Kleinmaterial, wie es zum Auffüllen von Verpackungen verwandt wird, ergibt schlechte Ergebnisse), Styropor-Perlpolymerisat (treibmittelhaltig)

Durchführung:

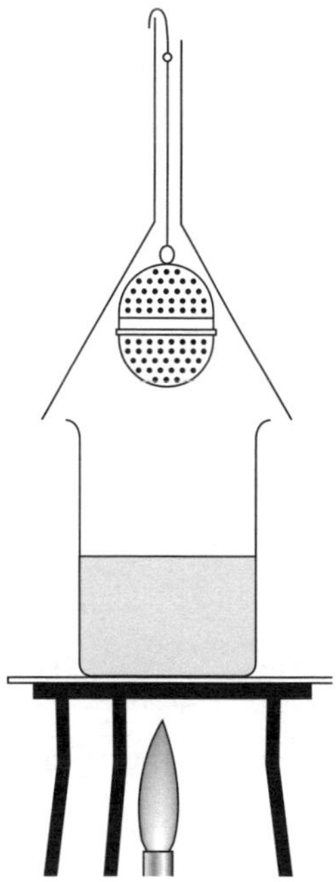

Versuchsteil 1: Polystyrolschaumstoff aus einer Mischung von Alt- und Neumaterial

Im Becherglas werden etwa 150 mL Wasser zum Sieden erhitzt. In den Wasserdampf hält man das Sieb, in dem sich etwa die Menge eines halben Teelöffels Polystyrol-Perlpolymerisat befindet. Nach 2 bis 4 Minuten sind weiße Kugeln mit einem Durchmesser von 2 bis 5 mm entstanden. Diese werden mit der gleichen Menge Altmaterial vermischt, das vorab auf eine Kantenlänge von etwa ebenfalls 2 bis 5 mm zerkleinert wurde. Die Mischung wird in ein Tee-Ei gefüllt und dieses, wie die Abb. zeigt, 15 Minuten mittels des Trichters in einen Wasserdampfstrom gebracht.

Versuchsteil 2: Polystyrolschaumstoff aus Altmaterial

Ein Tee-Ei wird mit auf eine Kantenlänge von 2 bis 5 mm zerkleinertem Altmaterial so gefüllt, dass es sich nur unter leichtem Druck schließen lässt. Die so gefüllte Form wird, wie es die Abb. zeigt, 15 Minuten im Wasserdampfstrom behandelt.

Beobachtung:

Nach Öffnen der Formen kann man jeweils ein Ei aus Polystyrolschaumstoff entnehmen. Das unter Zusatz von Neumaterial erhaltene Ei hat eine geschlossenere Oberfläche als das Ei nur aus Altmaterial. Dies ist allerdings lediglich auf das manuelle – und damit ungleichmäßige – Zerkleinern des Altmaterials zurückzuführen.

Ergebnis:
Polystyrolschaumabfälle können mit und ohne Zusatz von Neumaterial erneut zur Herstellung von Formkörpern verwendet werden.

Erfahrungen:
Das treibmittelhaltige Perlpolymerisat (Versuchsteil 1) lässt sich im ersten Schritt nur gut verarbeiten, wenn es frisch ist. Es sollte deshalb ein Vorversuch gemacht werden. Werden die gefüllten Tee-Eier zu lange im Wasserdampfstrom behandelt, schrumpft der Schaumstoff und man erhält kleine, harte Formkörper, die nur einen Bruchteil des erwarteten Volumens haben!

Literatur:
W. Glöckner/W. Jansen/R. G. Weissenhorn (Hrsg.): Handbuch der experimentellen Chemie Sek. II, Band 12. Aulis Verlag, Köln 1997, S. 101f.

Besondere Hinweise:
Man kann mit unterschiedlichen Anteilen an Neu- und Altmaterial experimentieren.
Polystyrolschaum enthält auch nach längerer Lagerzeit noch Reste des Treibmittels (i. d. R. Pentan). Zu einem Granulat zermahlene Abfälle können deshalb erneut in Formen gefüllt und einem Wasserdampfstrom ausgesetzt werden. Dabei bewirken die Treibmittelreste, dass der Schaumstoff sich noch etwas bläht und das Granulat erneut zu einem festen Formkörper verklebt (Polystyrol erweicht ab 80 °C, s. AN 6). Dieses Recyclingverfahren wird vor allem von den Erzeugerbetrieben für Schaumblöcke und -platten angewandt, wobei die beim Konfektionieren anfallenden Abfälle zerkleinert, gesiebt und – meist mit Neumaterial vermischt – direkt wieder in den Produktionsprozess fließen.

Depolymerisation von Polymethacrylsäuremethylester

Geräte:

Gasbrenner, 2 Reagenzgläser, passender durchbohrter Stopfen mit rechtwinklig gebogenem Glasrohr, Becherglas mit Eiswasser (Kühlung)

Chemikalien:

ca. 10 g zerkleinerte Polymethacrylsäuremethylester (PMMA)-Abfälle (z. B. zerkleinerte Kfz-Rücklichtabdeckungen oder Fahrrad-Speichenreflektoren), Kaliumpermanganatlösung

Nr.	Substanzname	Gefahrensymbole	R-Sätze	S-Sätze	K M R_E R_F	VbF	Unterrichts-Einsatz
	Methacrylsäuremethylester (entsteht bei Versuch)	F, Xi	11-37/38-43	2-24-37-46		A1	°
	Kaliumpermanganatlösung	Xn	8-22-50/53	2-60-61			+

Durchführung:

Ein Reagenzglas wird zu einem Drittel mit PMMA-Abfällen beschickt und die abgebildete Apparatur aufgebaut. Man erwärmt mit dem Bunsenbrenner das den Kunststoff enthaltende Reagenzglas zunächst vorsichtig. Wenn sich an einigen Stellen eine blasige Schmelze gebildet hat, erhitzt man stärker. Um ein starkes Schäumen zu vermeiden, beginnt man mit der Pyrolyse am oberen Teil des Reagenzglases.

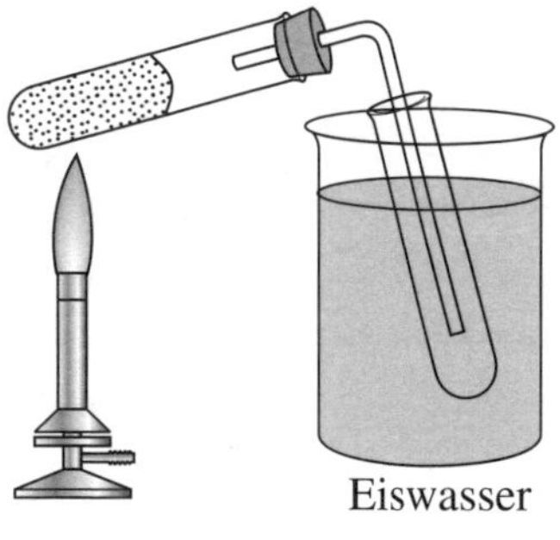

Einige Tropfen der Flüssigkeit gibt man zu Kaliumpermanganatlösung.

Beobachtung:

In der Vorlage kondensiert eine Flüssigkeit, die je nach eingesetztem Edukt durch mitgerissene Farbstoffanteile gefärbt sein kann. Die Flüssigkeit riecht fruchtig. Die Kaliumpermanganatlösung wird entfärbt.

Ergebnis:

Polymethacrylsäuremethylester (PMMA, Plexiglas®) zerfällt beim Erhitzen nahezu quantitativ durch Umkehr der radikalischen Bildungsreaktion zu dem monomeren Ester. Bereits bei Temperaturen um 150 °C beginnt PMMA in das Monomere zu zerfallen. Steigert man die Temperatur auf 300 bis 350 °C, verläuft die Reaktion quantitativ.
Die Doppelbindung des Monomeren wird durch die Entfärbung der Kaliumpermanganatlösung nachgewiesen.

Entsorgung:

Für die Depolymerisation verwendete Reagenzgläser sollten gut verschlossen aufgehoben und wieder für diesen Versuch verwendet werden. Verbleibende Reste des Kunststoffes stören bei erneuter Reaktion nicht. Der gewonnene Ester wird wieder polymerisiert (z. B. mit Härterpaste nach PM 1). Er kann aber auch ohne Stabilisierung längere Zeit im Kühlschrank aufbewahrt werden. Das Polymerisat kann dem Hausmüll zugegeben werden, der monomere Ester den flüssigen organischen Abfällen.

Erfahrungen:

Bei zu starkem Erhitzen schäumt der Inhalt des Reagenzglases und die Dämpfe können durch die einfache Kühlung nicht mehr vollständig kondensiert werden.

Besonderer Hinweis:

Durch diesen Versuch der Depolymerisation von PMMA und der erneuten Polymerisation des entstandenen Monomeren MMA nach Versuch PM 1 lässt sich zeigen, dass es sich bei Polymerisationen um umkehrbare Reaktionen handelt.

Literatur:

W. Glöckner/W. Jansen/R. G. Weissenhorn (Hrsg.): Handbuch der experimentellen Chemie Sek. II, Band 12. Aulis Verlag, Köln 1997, S. 103 f.

Trennung von Kunststoffgemischen aus zwei Komponenten durch selektive Lösemittel

Geräte:

Waage, heizbarer Magnetrührer, Magnetrührstab, 100-mL-Erlenmeyerkolben, dazu passender Rückflusskühler (evtl. langes Glasrohr), Destillationsapparatur (eventuell Rotationsverdampfer), Porzellanschale

Chemikalien:

Polymethacrylsäuremethylester, Polystyrol, Polyethylen, Polyvinylchlorid, Polyamid (man benötigt fein zerkleinerte Abfälle (Kantenlänge kleiner als 5 mm) oder Neuware, die als Granulat erhältlich ist).
Zur Beschaffung von Kunststoffproben siehe die Vorbemerkungen zum Teil „Analyse von Kunststoffen".

Nr.	Substanzname	Gefahrensymbole	R-Sätze	S-Sätze	K M R_E R_F	VbF	Unterrichts-Einsatz
	Aceton, Sdp. 56 °C	F, Xi	11-36-66-67	2-9-16-26		B	+
	Cyclohexanon, Sdp. 155 °C	Xn	10-20	2-25		AII	+
	Essigsäureethylester, Sdp. 77 °C	F, Xi	11-36-66-67	2-16-26-33		AI	+
	Toluol, Sdp. 111 °C	Xn, F	11-20	2-16-25-29-33		AI	°

Durchführung:

Vorversuche zur Löslichkeit von Kunststoffen: In einen Erlenmeyerkolben werden 1 g des zerkleinerten Kunststoffes und 25 mL Lösemittel gegeben. Anschließend wird unter Rückfluss und Rühren 10 min (fast) zum Sieden erhitzt. Die Ergebnisse der Löseversuche werden in eine Tabelle eingetragen.
Trennung einer Mischung aus zwei Kunststoffen: Eine Mischung aus jeweils 1 g Kunststoffabfall wird in einem Erlenmeyerkolben mit 25 mL Lösemittel unter Rückfluss und Rühren (fast) zum Sieden erhitzt. Nach 10 – 15 min wird die Heizquelle entfernt und von dem ungelösten Kunststoff dekantiert. (Sind die ungelösten Anteile fein verteilt, sollte filtriert werden.) Mögliche

Trennungen und das benötigte Lösemittel ergeben sich aus den Vorversuchen. Aus der Lösung gewinnt man den Kunststoff zurück, indem man das Lösemittel abdestilliert oder – nur bei kleinen Mengen vertretbar – unter dem Abzug auf der Heizplatte verdampft. Vorteilhaft ist ein Rotationsverdampfer. Der Kunststoff bleibt im Kolben oder der Porzellanschale als dünner Film zurück. Die Vollständigkeit der Trennung kann leicht durch Wiegen der getrockneten Proben überprüft werden.

Beobachtung und Ergebnis:

Die folgende Tabelle gibt eine vollständige Übersicht über die Ergebnisse der Vorversuche und über mögliche Trennungen einer Mischung aus zwei Kunststoffen. Eigene Vorversuche sind unerlässlich, da die Eigenschaften von Polymeren nicht nur von den zugrunde liegenden Monomeren, sondern auch von Polymerisationsgrad, Taktizität und evtl. Vernetzung abhängen.

Kunststoff	löslich in	unlöslich in
Polymethacrylsäuremethylester	Aceton, Essigsäureethylester, Toluol, Cyclohexanon	
Polystyrol	Essigsäureethylester, Toluol, Cyclohexanon	Aceton
Polyethylen	Toluol, Cyclohexanon	Aceton, Essigsäureethylester
Polyvinylchlorid	Cyclohexanon	Essigsäureethylester, Aceton, Toluol
Polyamid		Aceton, Essigsäureethylester, Toluol, Cyclohexanon

Entsorgung:

Ungelöste Kunststoffproben können abfiltriert, getrocknet und dem Hausmüll zugegeben werden. Lösemittel, die bei Destillationen anfallen, werden gesammelt und für weitere Experimente eingesetzt.

Literatur:

W. Glöckner/W. Jansen/R. G. Weissenhorn (Hrsg.): Handbuch der experimentellen Chemie Sek. II, Band 12. Aulis Verlag, Köln 1997, S. 127f.

H. J. Bader und *M. Kloss*: Trennung von Kunststoffmischungen durch selektive Lösemittel. Chemie und Schule 4, S. 3 (1992)

Trennung einer Mischung aus Polystrol, Polyethylen und Polyvinylchlorid

Geräte:
Waage, heizbarer Magnetrührer, Magnetrührstab, 100-mL-Erlenmeyerkolben, dazu passender Rückflusskühler, 250-mL-Becherglas, kleiner Trichter mit Filter, Rundkolben und Destillationsapparatur bzw. Rotationsverdampfer oder Porzellanschale

Chemikalien:
Polystyrol, Polyethylen, Polyvinylchlorid, Essigsäureethylester, Toluol
Zur Beschaffung von Kunststoffproben siehe die Vorbemerkungen zum Teil „Analyse von Kunststoffen".

Nr.	Substanzname	Gefahrensymbole	R-Sätze	S-Sätze	K M R_E R_F	VbF	Unterrichts-Einsatz
	Essigsäureethylester, Sdp. 77 °C	F, Xi	11-36-66-67	2-16-26-33		AI	+
	Toluol, Sdp. 111 °C	Xn, F	11-20	2-16-25-29-33		AI	°

Durchführung:

Lösen von Polystyrol und Polyethylen

Jeweils 1 g der zu trennenden Kunststoffe werden zerkleinert und vermischt. Diese Mischung wird in einem Rundkolben mit 25 mL Essigsäureethylester versetzt und unter Rühren und Rückfluss zum Sieden erhitzt. Hat sich das Polystyrol gelöst, wird die Heizquelle entfernt und die entstandene Lösung in einen Kolben (oder eine Porzellanschale) dekantiert, je nach der geplanten Aufarbeitung der Lösung (s. u.). Aus der Lösung lässt sich nahezu 1 g Polystyrol zurückgewinnen.

Der feste Rückstand wird mit 25 mL Toluol versetzt und wiederum unter Rühren und Rückfluss zum Sieden erhitzt. Nun löst sich das Polyethylen, PVC hinterbleibt als Feststoff. Beim Aufarbeiten lässt sich das Polyethylen nahezu quantitativ zurückgewinnen.

Aufarbeitung der Kunststofflösungen

Variante 1: Die erhaltenen Kunststoff-Lösungen werden in je eine Porzellanschale gegeben und unter dem Abzug auf dem Sandbad bis zur Trockne eingedampft. Als Heizquelle dient eine elektrische Heizplatte (Temperatur des Sandbades 50 – 70 °C bei Essigsäureethylester; 80 – 100 °C bei Toluol). Der Kunststoff hinterbleibt in der Porzellanschale als dünner Film.

Variante 2 (mit Rückgewinnung des Lösemittels): Die Durchführung dieser Versuchsvariante empfiehlt sich vor allem dann, wenn man die bei Schülerversuchen anfallenden geringen Mengen Kunststoff-Lösungen gesammelt weiterverarbeiten möchte. Die vereinigten Lösungen werden in einen Rundkolben gegeben und am Rotationsverdampfer zur Trockne eingedampft. Der Kunststoff hinterbleibt an der Kolbenwand als dünner Film. Alternativ kann das Lösemittel in einer Destillationsapparatur entfernt werden.

Beobachtung und Ergebnis:

Durch Wahl geeigneter Lösemittel lassen sich bestimmte Kunststoffgemische trennen und die Polymeren nahezu quantitativ als Reinstoffe zurückgewinnen. Auch die Lösemittel können zurückgewonnen und wiederverwendet werden

Entsorgung:

Ungelöste Kunststoffproben können abfiltriert, getrocknet und dem Hausmüll zugegeben werden. Lösemittel, die bei Destillationen anfallen, werden gesammelt und für weitere Experimente eingesetzt.

Literatur:

W. Glöckner/W. Jansen/R. G. Weissenhorn (Hrsg.): Handbuch der experimentellen Chemie Sek. II, Band 12. Aulis Verlag, Köln 1997, S. 129f.

H. J. Bader und *M. Kloss*: Trennung von Kunststoffmischungen durch selektive Lösemittel. Chemie und Schule 4 (1992), S. 3

Besondere Hinweise:

Siehe vorhergehenden Versuch RE 7. Es wird hier nur ein Beispiel einer Dreifachtrennung behandelt. Nach diesem Verfahren lassen sich nicht nur Dreifachtrennungen, sondern auch Vierfach- und Fünffachtrennungen durchführen.

Abtrennung von Farbstoffen aus Kunststoffabfällen

RE 9

Geräte:

Waage, heizbarer Magnetrührer, Magnetrührkern, 100-mL-Erlenmeyerkolben, langes Steigrohr als Rückflusskühler, 100-mL-Becherglas, kleiner Trichter mit Filter, Porzellanschale oder Teelichtbehälter aus Aluminium

Chemikalien:

Aceton, Aktivkohle, grob zerkleinerter Kunststoff einer farbigen Rücklichtabdeckung oder Speichenreflektor aus Polymethacrylsäuremethylester (PMMA)

Nr.	Substanzname	Gefahrensymbole	R-Sätze	S-Sätze	K M R_E R_F	VbF	Unterrichts-Einsatz
	Aceton, Sdp. 56 °C	F, Xi	11-36-66-67	2-9-16-26		B	+

Durchführung:

0,5 g der zerkleinerten Rücklichtabdeckung werden in dem Erlenmeyerkolben mit 20 ml Aceton versetzt und bis zur Auflösung unter Erwärmen gerührt. Zu der heißen Lösung gibt man 2 Spatel Aktivkohle, rührt noch zwei Minuten auf dem Magnetrührer und filtriert in eine Porzellanschale bzw. in den Aluminiumbehälter eines Teelichtes.
Die Kunststoff-Lösung wird in der Porzellanschale unter dem Abzug auf der Heizplatte (oder Sandbad) bei 40 – 50 °C zur Trockne eingedampft.
Als Alternative dazu kann die Kunststoff-Lösung unter Rühren in ein Becherglas mit 100 mL Wasser gegeben werden. Die ausgefallene feste Haut wird mittels Pinzette isoliert.

Beobachtung:

Nach erfolgter Abtrennung der Aktivkohle erhält man eine farblose Lösung. Nach dem Verdampfen der Lösung hinterbleibt ein farbloser Kunststofffilm. Wird die Lösung jedoch in Wasser eingetragen, so fällt der Polymethacrylsäuremethylester sofort als feste Haut aus.

Ergebnis:

Durch Auflösen von Kunststoffabfällen in geeigneten Lösemitteln und die

Wahl geeigneter Trennverfahren ist es möglich, das Polymer von Pigmenten, Farb- und Füllstoffen zu trennen und aus der Lösung zurückzugewinnen.

Entsorgung:
Die Wasser-Aceton-Mischung wird in den Behälter mit den organischen Lösemitteln gegeben. Die Aktivkohle und die Kunststoffreste werden in den organischen Feststoffabfall überführt.

Literatur:
W. Glöckner/W. Jansen/R. G. Weissenhorn (Hrsg.): Handbuch der experimentellen Chemie Sek. II, Band 12. Aulis Verlag, Köln 1997, S. 130f.
H. J. Bader und *M. Kloss*: Trennung von Kunststoffmischungen durch selektive Lösemittel. Chemie und Schule 4 (1992), S. 3
P. Fischer, S Hüttenhain, V. Kramb und *V. Wiskamp*: Ein Umweltchemie-Praktikum an der Fachhochschule Darmstadt. Chimia 48 (1994)

Besondere Hinweise:
Grobe Füllstoffe und Pigmente lassen sich auch ohne Hilfsstoffe durch Filtration abtrennen.
Thermoplaste machen etwa 75 % der in Westeuropa verwendeten Kunststoffe aus. Diese Werkstoffe lassen sich in sortenreinem und sauberem Zustand problemlos wiederverwenden. Sie können nach den für die Verarbeitung von Neumaterial üblichen Verfahren – etwa durch Extrudieren – einem Recycling zugeführt werden. Häufig wird Altmaterial mit Neumaterial gemischt verarbeitet.
Die Verarbeitung sortenreiner Kunststoffabfälle bereitet Schwierigkeiten, wenn diese voneinander verschieden eingefärbt, mit unterschiedlichen Füllstoffen und Farbpigmenten versehen oder verschmutzt sind. In diesen Fällen besteht oftmals die Möglichkeit, die Kunststoffe in organischen Lösemitteln zu lösen, die Füllstoffe durch Filtration und die Farbstoffe durch Adsorption zu entfernen. Nach dem Abdampfen des Lösemittels erhält man die reinen Kunststoffe zurück. Alternativ kann auch ein zweites Lösemittel zugegeben werden, in dem sich der Kunststoff nicht löst (Ausfällen). Dies ist jedoch nur dann sinnvoll, wenn nach der Abtrennung des Kunststoffs das Lösemittelgemisch wieder durch Destillation aufgetrennt werden kann. Sowohl der Kunststoff als auch die verwendeten Lösemittel durchlaufen einen Kreislauf.

Verhalten einer Stärkefolie in feuchter Erde (Vergleich mit Polyethylenfolie)

Geräte:
Schale aus Glas, Porzellan oder Kunststoff

Chemikalien:
Folie aus Stärke, Folie aus Polyethylen, Kompost- oder Blumenerde, Wasser

Durchführung:
Je eine Probe der Stärke- und der Polyethylenfolie wird bis zur Hälfte mit Kompost- oder Blumenerde bedeckt. Es wird täglich gewässert. Nach einer Woche vergleicht man die Proben.

Beobachtung:
Der eingegrabene Teil der Stärkefolie ist entweder in der Erde „verschwunden" oder noch schwach als weißliches Pulver sichtbar; die Polyethylenfolie hat sich nicht verändert.

Ergebnis:
Stärkefolie ist biologisch abbaubar, Polyethylenfolie dagegen nicht.

Entsorgung:
Alle verwendeten Stoffe können zum Hausmüll gegeben werden.

Erklärung:
Vermutlich quillt durch das zugesetzte (polare) Wasser die (polare) hydroxylgruppenhaltige Stärkefolie zunächst auf, so dass die in der Folie miteinander verflochtenen Stärkeketten allmählich voneinander getrennt werden. An diesen könnte dann der weitere biologische Abbau (im Endeffekt zu Kohlenstoffdioxid und Wasser) einsetzen.
Die (unpolare) Polyethylenfolie wird unter diesen Bedingungen nicht angegriffen: Ein Vergleich mit Kerzenwachs und Erdwachs bietet sich an.

Besonderer Hinweis
Auf die gleiche Weise lässt sich die biologische Abbaubarkeit einer Folie aus Polyvinylalkohol überprüfen.

Literatur:

Chemie entdecken – Experimental-Wettbewerb der Klassenstufen 6 – 11 in NRW, Aufgabe 1 – 99. KÖLNER MODELL am Institut für Anorganische Chemie der Universität zu Köln, Greinstraße 6

M. Büttner, G. Wagner: Biologisch abbaubare Polymere – Ein Lernzirkel. NiU Chemie 14 (2003), Heft 73: „Moderne Kunststoffe", S. 16 – 24

Analyse von Kunststoffen

Experimente:

AN 1 Bestimmung der Schmelztemperatur von Thermoplasten
AN 2 Brennbarkeit von Kunststoffen
AN 3 Verhalten von Kunststoffen beim Verschwelen
AN 4 Beständigkeit von Kunststoffen gegenüber Chemikalien
AN 5 Schwimmverhalten von Kunststoffen
AN 6 Identifikation von unbekannten Kunststoffproben
AN 7 Nachweis von Kohlenstoff und Wasserstoff in Kunststoffen

Vorbemerkungen:

AN 6 fasst abgespeckte Versionen von AN 1 – 5 zusammen, welche sich sehr gut in einem Lernzirkel bearbeiten lassen. Im SI-Unterricht oder im Grundkurs der SII wird die verkürzte Behandlung die Regel sein. Die ausführlichen Versionen von AN 1 – 5 bieten sich für Leistungskurse oder Projektwochen an, wenn man etwa eine größere Anzahl von Kunststoffen vergleichen oder die Wirkung mehrerer verschiedener Lösemittel untersuchen möchte.

Kunststoffproben lassen sich ggf. über die ortsansässige Industrie oder im Lehrmittelhandel erwerben. Eine weitere, sehr interessante Möglichkeit eröffnet die Kennzeichnung von Kunststoffverpackungen nach dem Dualen System, s. folgende Tabelle:

Kunststoff	**Abkürzung**	**Nummer**
Polyethylenterephthalat	PET	1
Polyethylen, hohe Dichte	PE-HD	2
Polyvinylchlorid	PVC	3
Polyethylen, niedrige Dichte	PE-LD	4
Polypropylen	PP	5
Polystyrol	PS	6
andere Kunststoffe	O (others)	7

Tabelle: Kunststoffbezeichnung nach DIN

Umseitig befindet sich eine weitere Tabelle mit Hilfen für die Beschaffung von Kunststoffproben aus Alltagsgegenständen.

Anwendungsbereiche wichtiger Kunststoffsorten

Kunststoff	Abkürzung/ DSD-Nr.*)	Vorkommen in
Polyethylenterephthalat	PET 1	Getränkeflaschen, teilw. auch für Spülmittel, Zahnbürsten, Einweg-Schüsseln für Fertiggerichte
Polyethylen, hohe Dichte	PE-HD 2	Eimer, Kinderspielzeug, Filmdöschen
Polyvinylchlorid	PVC 3	Bodenbeläge, Schallplatten, Gummistiefel, Gartenschläuche, Gummitiere, Luftmatrattzen, Kabelisolation
Polyethylen, niedrige Dichte	PE-LD 4	Folien, Flaschen für Spülmittel, Kosmetika etc.
Polypropylen	PP 5	Klarsichthüllen (teilw.), Abflussrohre, Speiseeisverpackung, Gefrierboxen (teilw.), Kühlboxen, Kosemtikbehälter, Duschgelflaschen
Polystyrol	PS 6	Hardcover von CD's und Audio-Cassetten, Konfektkistchen, Joghurtbecher, Gehäuse von PC's und Hi-Fi-Anlagen etc., Styropor®, Bastelglas
Polymethylmethanacrylat	PMMA	Rauchglasabdeckungen, Bastelglas (Plexiglas®), Fahrradreflektoren, Rücklichtabdeckungen
Polyamid	PA	Dübel (höherwertige), Zahnräder, Nylon®-Schnur, Tauwerk, Textilien
Polycarbonat	PC	CD's, Makrolon®-Scheiben, Bastelglas, Sturzhelme, kochfestes Geschirr
Polytetrafluorethen	PTFE	Teflon®-Band oder Bratpfannenbeschichtung
Aminoplaste (Melamin-Formaldehyd-Harz)	MF	Kochlöffel, Geschirr, Tischplatten(beschichtung), Elektrobauteile, Resopal®, Lampenfassung
Phenoplaste (Phenol-Formaldehyd-Harz)	PF	Bakelit (früher viel für Telefonhörer, Lichtschalter, Steckdosen usw. verwendeter schwarzer und spröder Stoff)
Polyurethan	PU, PUR	(Hart-)Schaumstoff, Bauschaum, Skischuhe
Polyesterharze (ungesättigte)	UP	Gießharz, Karosseriereparaturharz
Cellulosenitrat	CN	Celluloid®, Tischtennisbälle, Kämme, Brillengestelle
Celluloseacetat	CA	Fotofilme, Chemiefasern u. Kunstseide, Brillengestelle, Zeichenschablonen, Telefone, Spielzeug
Epoxidharze	EP	2-Komponenten-Kleber (z. B. UHU®-Plus, Stabilit®

*) Duales System Deutschland („grüner Punkt")

Bestimmung der Schmelztemperatur von Thermoplasten

Geräte:
Heizplatte, Stativ, Thermometer (mind. bis 150 °C), Becherglas 250 mL, je 1 Rg. pro Kunststoff, Holzstäbchen (Schaschlikspieß)

Chemikalien:
Kunststoffproben (sinnvoll: Polyethylen, Polycarbonat, Polystyrol, Polyvinylchlorid, Polymethylmethacrylat und evtl. weitere)
Öl für Wärmebad (Salatöl oder Silikonöl)

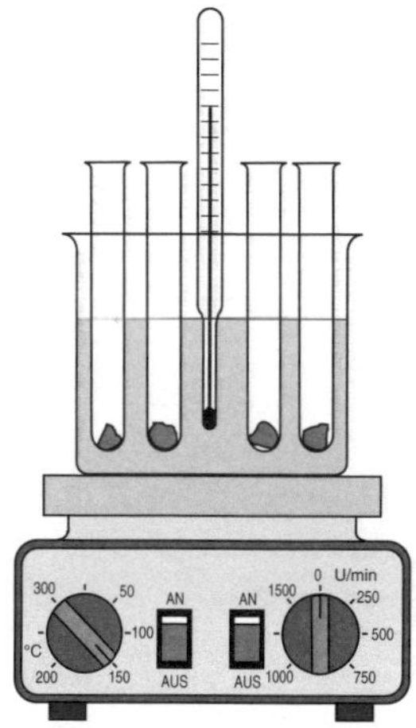

Durchführung:
Die Kunststoffproben werden mittels Schere oder Seitenschneider in Stücke zu je ca. 0,1 g zerteilt, in beschriftete Reagenzgläser gefüllt und im Wärmebad erhitzt (alle gleichzeitig!). Ab 90 °C werden die Proben mit Hilfe des Holzstäbchens auf Veränderung ihrer Härte untersucht.
Beobachtungen werden in der Tabelle notiert.

Beobachtung und Ergebnis:

Temperatur in °C	PE	PP	PC	PS	PVC (hart)	PMMA
90						
100				wird weich	wird weich elastisch	wird weich
110	wird weich			klebt		klebt
120	schrumpft	wird weich		schrumpft		
130	klebt					

PC verändert sich bis 150 °C nicht

Entsorgung:
Die Reagenzgläser mit den Kunststoffproben werden für den Verschwelungsversuch AN 3 aufbewahrt.

Erfahrungen:

Die erhaltenen Ergebnisse liegen 10 – 20 °C über den Literaturwerten, weil die Geschwindigkeit der Erwärmung auch eine Rolle spielt. In diesem Versuch wird relativ schnell erwärmt, so dass ein hinreichender Temperaturausgleich zwischen äußerem und innerem Probenbereich in der kurzen Einwirkungszeit nicht erfolgen kann.

Literatur:

W. Glöckner/W. Jansen/R. G. Weissenhorn (Hrsg.): Handbuch der experimentellen Chemie Sek. II, Band 12. Aulis Verlag, Köln 1997

D'Ans-Lax: Taschenbuch für Chemiker und Physiker, 3. Auflage. Springer-Verlag, Berlin, Heidelberg, New York 1967

M. Jäckel, Karl T. Risch (Hrsg.): Chemie heute SI. Schroedel-Verlag, Hannover 1993, S. 312

R. Wolff, E. Glaum (Hrsg.): Flörke-Wolff-Kursthemen-Chemie, spezielle chemische Arbeitsgebiete. Bonn 1984, S. 8/56

W. Eisner et al.: elemente Chemie 9/10. Klett-Verlag, Stuttgart 1994, S. 344f.

Besondere Hinweise:

Thermoplaste besitzen aufgrund der uneinheitlichen Molekülgröße keinen definierten Schmelzpunkt, sondern eher einen Schmelzbereich. Nach VDE 0302 ist die Vicat-Temperatur die Temperatur, bei der ein Stahlstift mit dem Querschnitt 1 mm^2, unter Einwirkung von 50 N 1 mm tief in einen Normstab eindringt, der mit 50 °C aufgeheizt wird. Gleichwohl lassen sich auch im Schülerversuch charakteristische Unterschiede bezüglich des Erweichungsbereiches feststellen. Der erforderliche Aufwand ist relativ hoch, jedoch lassen sich die Reagenzgläser mit den Kunststoffproben anschließend noch für das Verschwelen verwenden (AN 3).

Man kann den Reiz dieses Versuches noch erhöhen, wenn man farbloses und transparentes Polystyrol verwendet und nach dem Motto „Es ist nicht alles Plexiglas, was so aussieht" PS, PMMA und PC hinsichtlich der Temperaturbeständigkeit vergleichen lässt.

Brennbarkeit von Kunststoffen

Geräte:
Tiegelzange, Gasbrenner, Metallplatte, Becherglas mit Wasser

Chemikalien:
Kunststoffproben, beispielsweise von: Polyethylen (PE), Polyamid (PA), Polystyrol (PS), usw.

Durchführung:
Die Entzündung der Kunststoffproben darf nur in einem gut ziehenden Abzug vorgenommen werden, da die Verbrennungsprodukte teilweise toxisch sind.

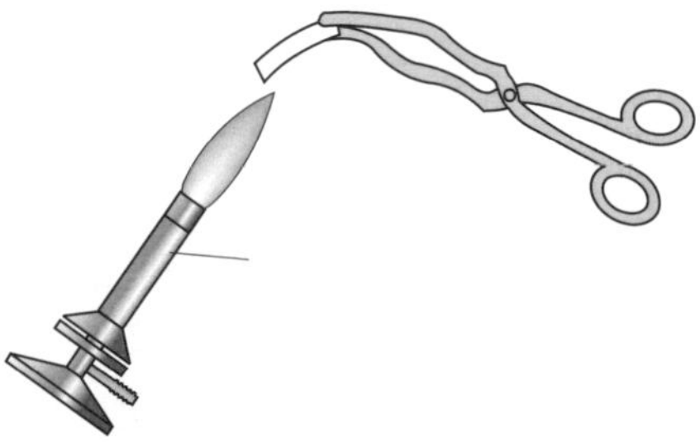

Ein kleines Stück des Kunststoffs wird mit der Tiegelzange in die Flamme eines schräg stehenden Bunsenbrenners gehalten (s. Abb.). Als Schutzunterlage für den Tisch verwendet man die Metallplatte. Falls die Kunststoffprobe brennt, wird sie aus der Flamme genommen, um festzustellen, ob das Material auch außerhalb der Flamme brennt. Anschließend löscht man durch Eintauchen in Wasser. Die Beobachtungen trägt man in eine Tabelle ein, die nach Beendigung der Versuche folgendes Aussehen haben sollte:

Beobachtung und Ergebnis:
siehe Tabelle auf Seite 168.

Entsorgung:
Die Kunststoffreste werden in den organischen Feststoffabfall überführt.

Literatur:
W. Glöckner/W. Jansen/R. G. Weissenhorn (Hrsg.): Handbuch der experimentellen Chemie Sek. II, Band 12. Aulis Verlag, Köln 1997, S. 31
D. Braun: Erkennen von Kunststoffen. Carl Hanser Verlag, München und Wien 1986, S. 46
M. Jäckel, Karl T. Risch (Hrsg.): Chemie heute SI. Schroedel-Verlag, Hannover 1993, S. 312

Kunststoff	Brennbarkeit	Besonderheiten
PE	brennt mit bläulicher bis gelber Flamme	tropft beim Brennen, Tropfen brennen weiter
PP	brennt mit gelber Flamme	tropft beim Brennen , Tropfen brennen weiter
PS	leicht entflammbar, brennt mit gelber, rußender Flamme	schmilzt beim Brennen
PVC	schwer entflammbar, Flamme leicht grün gefärbt (nicht immer)	brennt nur in der Bunsenbrennerflamme, schmilzt beim Brennen
PMMA	leicht entflammbar, brennt mit bläulicher bis gelber Flamme	brennt gut, tropft beim Brennen
PET	brennt knisternd, leuchtende Flamme	tropft
PA	brennt mit gelboranger Flamme	tropft beim Brennen in Fäden ab
PC	brennt mit leuchtender, rußender Flamme	brennt nur in der Bunsenbrennerflamme, verkohlt
PTFE	nicht brennbar	grüner Flammensaum
Aminoplast	schwer entflammbar, brennt mit gelber, rußender Flamme	brennt nur in der Bunsenbrennerflamme
Phenoplast	schwer entflammbar, brennt mit gelber, rußender Flamme	brennt nur in der Bunsenbrennerflamme
PU	schwer entflammbar	brennt nur in der Bunsenbrennerflamme
Polyesterharz	schwer entflammbar, brennt mit gelber, rußender Flamme	brennt nur in der Bunsenbrennerflamme, schmilzt nicht, verkohlt, grau-beiger Rückstand
Celluloid	brennt sehr heftig mit gelber Flamme	feuergefährlich
Celluloseacetat	leicht entflammbar	tropft beim Brennen, Tropfen brennen weiter
Epoxidharz	brennt mit hellorange, rußender Flamme	brennt nur in der Bunsenbrennerflamme

Besondere Hinweise:

Die Bestimmung des Brandverhaltens ist ein wichtiges Kriterium, um den Einsatzbereich von Kunststoff-Produkten, etwa im Innenausbau von Gebäuden oder der Innenausstattung von Verkehrsmitteln, festlegen zu können. Außerdem lässt das Brennverhalten einer unbekannten Kunststoffprobe Rückschlüsse auf die Art des Kunststoffs zu, z. B. zeigen PS, PMMA und PC charakteristische Unterschiede.

Verhalten von Kunststoffen beim Verschwelen

AN 3

Chemikalien und Geräte:

Reagenzgläser mit je einer Kunststoffprobe, z. B. aus Versuch AN 1
Watte
evtl. Adsorptionsstopfen (s. Besondere Hinweise)
Reagenzglashalter
pH-Papier
Gasbrenner

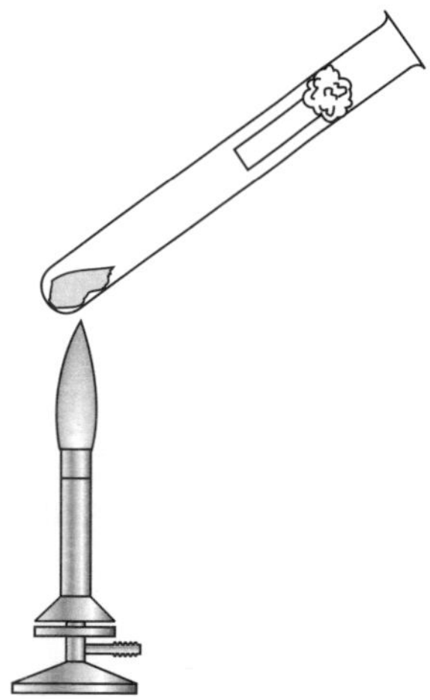

Durchführung:

Aus der Watte formt man passende Propfen, klemmt darin jeweils einen etwa 3 cm langen Streifen pH-Papier ein und befeuchtet dessen Ende mit einem Tropfen Leitungswasser. Damit verschließt man die Reagenzgläser.
Nun erhitzt man kräftig mit dem Gasbrenner, bis die Dämpfe das pH-Papier erreichen (nicht länger!).
Die Beobachtungen trägt man in eine Tabelle ein.

Beobachtung und Ergebnis:

Verhalten von Kunststoffen beim Verschwelen:

Kunststoff	**Reaktion der Dämpfe**	**Sonstiges**
PE	*neutral*	wird klar, schmilzt, zersetzt sich
PP	*neutral*	wird klar, schmilzt, zersetzt sich
PS	*neutral*	schmilzt, verdampft
PVC (hart)	*stark sauer*	schmilzt, verkohlt
PVC (weich)	*stark sauer*	schmilzt, verkohlt
PMMA	*neutral*	schmilzt, verdampft
PET	*schwach sauer*	schmilzt, verkohlt
PA	*alkalisch*	schmilzt, verkohlt
PC	*schwach sauer*	schmilzt, verkohlt
PTFE	*sauer*	wird klar
Aminoplaste	*alkalisch*	wird braun, schmilzt nicht, verkohlt

Entsorgung:

Die Reagenzgläser werden komplett in den organischen Feststoffabfall überführt.

Erfahrungen:

Farbstoffe in den Kunststoffproben können sich auf die Färbung des Indikatorpapiers auswirken.

Die neutrale bzw. schwach saure Reaktion lässt sich nicht immer zweifelsfrei feststellen. Deutlich erkennbar sind die alkalische bzw. stark saure Reaktion.

Literatur:

W. Glöckner/W. Jansen/R. G. Weissenhorn (Hrsg.): Handbuch der experimentellen Chemie Sek. II, Band 12. Aulis Verlag, Köln 1997

D. Braun: Erkennen von Kunststoffen. Carl Hanser Verlag, München und Wien 1986, S. 46

M. Jäckel, Karl T. Risch (Hrsg.): Chemie heute SI. Schroedel-Verlag, Hannover 1993, S. 312

Besondere Hinweise:

Es soll nur so lange erhitzt werden, bis die Dämpfe das Rg. gerade ausfüllen.

Wird das Erhitzen abgebrochen, sobald deutlich Dämpfe zu erkennen sind, treten keine größeren Geruchsbelästigungen auf, auch wenn ohne Abzug gearbeitet wird.

Als vorteilhaft hat sich die Verwendung von Adsorptionsstopfen, gefüllt mit Aktivkohle, erwiesen. Diese können als Adsorptionsstopfen PM 40 über die Fa. Hedinger, Heiligenwiesen 26, 70327 Stuttgart, Tel.: 0711/402050, bezogen werden.

Ein Nachteil der meisten Kunststoffe ist ihre geringe Temperaturbeständigkeit. Schon ab ca. 150 °C (PMMA) entstehen Zersetzungsprodukte, die gesundheitlich bedenklich sind. Die saure oder alkalische Reaktion der Dämpfe lässt jedoch auch Rückschlüsse auf die Art des Kunststoffs zu (analytische Bedeutung).

Mit dem beschriebenen Versuch lässt sich außerdem erkennen, ob es sich bei einem Kunststoff um einen Duroplasten oder Thermoplasten handelt, ob er beim Erwärmen etwa Blasen wirft, verkohlt, oder Ähnliches.

Verhalten von Kunststoffen gegenüber Chemikalien

Geräte:

je Lösemittel eine Tropfflasche (z. B. von Hustensaft o. ä.)
ersatzweise: Reagenzglasständer, darin pro Lösemittel ein kurzes Reagenzglas mit Tropfpipette,
Pinzette, Spatel, Becherglas mit Wasser

Chemikalien:

Kunststoffproben (sinnvoll: Polyvinylchlorid, Polyethylen, Polymethylmethacrylat, Polystyrol, Polycarbonat und evtl. weitere), je 1 mL der in der folgenden Tabelle genannten Lösemittel

Nr.	Substanzname	Gefahrensymbole	R-Sätze	S-Sätze	K M R_E R_F	VbF	Unterrichts-Einsatz
	Aceton, Sdp. 56 °C	F, Xi	11-36-66-67	2-9-16-26		B	+
	Cyclohexanon, Sdp. 155 °C	Xn	10-20	2-25		AII	+
	Ethanol, Sdp. 78 °C	F	11	2-7-16		B	+
	Natriumhydroxid-Lösung, w(NaOH) = 30 %	C	35	1/2-26-37/39-45			+
	Salpetersäure, $w(HNO_3)$ = 65 %	C	35	1/2-23-26-27			+
	Toluol, Sdp. 111 °C	Xn, F	11-20	2-16-25-29-33		AI	°

Durchführung:

Man gibt einen Tropfen des Lösemittels auf die Kunststoffprobe, lässt 60 Sekunden einwirken und untersucht dann mit dem Spatel die Oberfläche der Probe (schaben, kratzen). Nicht verdunstetes Lösemittel wird mit einem Papiertuch abgewischt, Säure oder Lauge wird durch Eintauchen in Wasser entfernt. Nicht veränderte Kunststoffproben werden abgetrocknet und erneut untersucht.

Beobachtung und Ergebnis:

Tabelle: Verhalten von Kunststoffen gegenüber Lösemitteln

Reagenz	**Kunststoff**				
	Polyvinyl-chlorid	**Poly-ethylen**	**Polymethyl-methacrylat**	**Polystyrol**	**Poly-carbonat**
Salpetersäure	k. V.	k. V.	k. V.	k. V.	k. V.
Natronlauge	k. V.	k. V.	k. V.	k. V.	k. V.
Ethanol	k. V.	k. V.	k. V.	k. V.	k. V.
Aceton	k. V.	k. V.	instabil	instabil	instabil, Pulver abschabbar
Essigsäureethylester	k. V.	k. V.	instabil	instabil, klebt	instabil
Toluol	instabil	instabil	instabil	instabil	instabil
Cyclohexanon	instabil	instabil	instabil	instabil	instabil

k.V. = keine Veränderung

Entsorgung:

Falls noch organische Lösemittel übrig sein sollten, werden sie dem Behälter für organische Lösemittel zugeführt. Die Säure und die Lauge werden neutralisiert und ins Abwasser gegeben. Die trockenen Kunststoffproben werden in den organischen Feststoffabfall-Behälter überführt.

Literatur:

W. Glöckner/W. Jansen/R. G. Weissenhorn (Hrsg.): Handbuch der experimentellen Chemie Sek. II, Band 12. Aulis Verlag, Köln 1997, S. 34

D'Ans-Lax: Taschenbuch für Chemiker und Physiker, 3. Auflage. Springer-Verlag, Berlin, Heidelberg, New York 1967

R. Wolff, E. Glaum (Hrsg.): Flörke-Wolff-Kursthemen-Chemie, spezielle chemische Arbeitsgebiete, Bonn 1984, S. 8/56

Besondere Hinweise:

Die Chemikalienresistenz von Kunststoffen spielt unter (mindestens) drei Blickwinkeln eine Rolle, nämlich Verwendbarkeit, Recycling und Identifikation (vgl. Versuche AN 6 und RE 7 – 9).

Die Beständigkeit gegenüber verschiedenen Lösemitteln kann äußerst unterschiedlich sein. Material, Lösemittel, Temperatur und auch Einwirkungsdauer spielen eine große Rolle. So werden Kunststoffe in Schulbüchern gemeinhin als beständig gegenüber Säuren und Laugen hingestellt. Dies gilt z. B. für Polycarbonat und Plexiglas, jedoch nicht bei Einwirkungsdauern von 1 Monat oder länger (s. *D'Ans-Lax*). Ein Tropfen Salzsäure auf einem Nylonkittel ruft bekanntermaßen auch schon ein Loch hervor. Einheitliche Vorschriften für die Prüfung auf Chemikalienbeständigkeit gibt es nicht. Vorversuche sind also auch hier unerlässlich.

Um vergleichbare Ergebnisse zu erhalten, muss man die Beständigkeit der Kunststoffe unter gleichen Bedingungen prüfen. So kann man z. B. verschiedene Kunststoffproben in Reagenzgläsern bei erhöhter Temperatur verschiedenen Lösemitteln aussetzen (*Glöckner* '97) und makroskopische Veränderungen oder die Massenzunahme untersuchen. Für einen Schülerversuch bedeutet das einen recht hohen Aufwand an Material und Zeit, der gerechtfertigt ist, wenn einem der Aspekt Verwendbarkeit besonders wichtig ist.

Erheblich ressourcenschonender und im Hinblick auf den Aspekt „Erkennung" aussagekräftig genug ist der obige einfache Versuch nach *Wolff* ('84).

AN 5

Schwimmverhalten von Kunststoffen

Geräte:

Verschiedene Kunststoffproben, 3 Bechergläser 100 mL, Pinzette, Papiertücher

Chemikalien:

Kochsalzlösung ($\rho = 1{,}17\ g \cdot mL^{-1}$; w(NaCl) = 23 %) (keine Gefahrenhinweise)

Natriumthiosulfatlösung ($\rho = 1{,}37\ g \cdot mL^{-1}$; $w(Na_2S_2O_3) = 40\ \%$) (keine Gefahrenhinweise), Wasser ($\rho = 1\ g \cdot mL^{-1}$)

Durchführung:

Die Bechergläser werden etwa zur Hälfte mit den drei Flüssigkeiten gefüllt. Die Kunststoffprobe wird zunächst in das Becherglas mit Wasser gegeben. Falls sie untergeht, wird sie abgetrocknet und in die Kochsalzlösung gegeben. Falls sie dort ebenfalls untergeht, wird sie unter fließendem Wasser kurz abgespült, abgetrocknet und in die Natriumthiosulfatlösung gegeben. Anschließend wird die Probe wieder gereinigt und getrocknet.

Durchführung und Ergebnis:

Schwimmverhalten von Kunststoffen

Stoff	Dichte ρ in $g \cdot cm^{-3}$	schwimmt in		
		Wasser	NaCl-Lösung	$Na_2S_2O_3$-Lösung
PE	0,92 – 0,96	+	+	+
PP	0,91	+	+	+
PS	1,05	– (sinkt langsam)	+	+
PVC (hart)	1,38 – 1,4	–	–	–
PVC (weich)	1,19	–	–	+
PMMA	1,18	–	–	+
PET	1,3	–	–	+
PA	1,1	–	+	+
PC	1,2 – 1,4	–	–	+
PTFE	2,1 – 2,3	–	–	–
Aminoplaste	1,5	–	–	–
PU	1,21	–	–	+
Phenolharz	1,27	–	–	+

Mit dem vorliegenden Versuch können die Kunststoffproben in 4 Gruppen eingeteilt werden: $\rho < 1\ g \cdot cm^{-3}$, $1\ g \cdot cm^{-3} < \rho < 1{,}17\ g \cdot cm^{-3}$, $1{,}17\ g \cdot cm^{-3} < \rho < 1{,}37\ g \cdot cm^{-3}$ und $\rho > 1{,}37\ g \cdot cm^{-3}$.

Entsorgung:
Die Salzlösungen werden in die Vorratsgefäße zurück gegossen und können z. B. für Versuch RE 2 verwendet werden.

Literatur:
W. Glöckner/W. Jansen/R. G. Weissenhorn (Hrsg.): Handbuch der experimentellen Chemie Sek. II, Band 12. Aulis Verlag, Köln 1997
M. Jäckel, Karl T. Risch (Hrsg.): Chemie heute SI. Schroedel-Verlag, Hannover 1993, S.312
D'Ans-Lax: Taschenbuch für Chemiker und Physiker, 3. Auflage. Springer-Verlag, Berlin, Heidelberg, New York 1967
W. Eisner et al.: elemente Chemie II. Klett, Stuttgart 1998, S. 383

Besondere Hinweise:
Die Dichtewerte sollten erst im Rahmen der Auswertung angegeben werden. Um zu erreichen, dass PC und PMMA in der Kochsalzlösung noch untergehen (Unterscheidung von PS), verdünnt man eine gesättigte Kochsalzlösung ($\rho = 1{,}2\ g \cdot mL^{-1}$) zweckmäßigerweise so weit, dass ein Probenstück PMMA darin gerade untergeht. Ebenso achtet man beim Ansetzen der Natriumthiosulfatlösung darauf, dass das Hart-PVC noch untergeht.
Ein typisches Merkmal von Kunststoffen ist ihre geringe Dichte, welche bei der Herstellung verschiedenster Geräte (Leichtbauweise) und von Verpackungsmitteln (Transportkostensenkung) eine wichtige Rolle spielt. Dichteunterschiede verschiedener Kunststoffen lassen sich für Recyclingzwecke (s. Versuche RE 1 und RE 2) und für das Erkennen von Kunststoffsorten nutzen. Da Dichteunterschiede von 10 – 20 % mit schulischen Mitteln kaum gemessen werden können, noch dazu bei kleinen Kunststoffproben (ca. 0,2 g), wird hier die Untersuchung des Schwimmverhaltens in Lösungen unterschiedlicher Dichte vorgeschlagen.
Abweichende Beobachtungen sind durch Beimischungen (Füllmaterial, etc.) möglich.

AN 6

Identifikation von unbekannten Kunststoffproben Kurzfassung von AN 1 – 5

Geräte und Chemikalien:

s. Stationen 1 – 5

Kunststoffproben, z. B. Bastelglas aus verschiedenen Baumärkten (PMMA, PS, PC)

Durchführung:

Um herauszufinden, aus welchem Kunststoff die ausgehändigten Probestükke bestehen, sollen diese von den Schülern in den Versuchen AN 6 (Station 1 – 5) auf ihre Eigenschaften hin untersucht werden.

Die Ergebnisse werden im „Protokollblatt zur Untersuchung von Kunststoffproben" zusammengestellt und anschließend mit den Daten der Tabelle „Eigenschaften wichtiger Kunststoffsorten" verglichen.

Entsorgung:

s. AN 1 – 5

Literatur:

W. Glöckner/W. Jansen/R. G. Weissenhorn (Hrsg.): Handbuch der experimentellen Chemie Sek. II, Band 12. Aulis Verlag, Köln 1997

M. Jäckel, Karl T. Risch (Hrsg.): Chemie heute SI. Schroedel-Verlag, Hannover 1993, S. 312

R. Wolff, E. Glaum (Hrsg.): Flörke-Wolff-Kursthemen-Chemie, spezielle chemische Arbeitsgebiete. Bonn 1984, S. 8/56

W. Eisner et al.: elemente Chemie 9/10. Klett, Stuttgart 1994, S. 344f.

W. Eisner et al.: elemente Chemie II. Klett, Stuttgart 1998, S. 383

A. König: Experimentelle Untersuchung von Kunststoffen aus dem Alltag. PdN – Chemie in der Schule 49 (2000), Heft 4, S. 35

D'Ans-Lax: Taschenbuch für Chemiker und Physiker, 3. Auflage. Springer-Verlag, Berlin, Heidelberg, New York 1967

D. Braun: Erkennen von Kunststoffen. Carl Hanser Verlag, München und Wien 1986, S. 46

Besondere Hinweise:

Der vorliegende Versuch soll die Versuche AN 1 – 5 in Form einer anwendungs- und problemorientierten Wiederholung zusammenfassen, indem die

Schüler die Aufgabe bekommen, unbekannte Kunststoffproben zu identifizieren (z. B. Proben von Bastelglas aus verschiedenem Material, die alle gleich aussehen, aber anhand ihrer sonstigen Eigenschaften identifiziert werden können). Als zusätzliche, bisher nicht untersuchte Eigenschaft wird das Bruchverhalten geprüft.
Aus Zeitgründen ist eine Beschränkung auf wenige Materialproben sinnvoll. Ebenso sollte man sich bei der Lösemittelbeständigkeit auf ein Lösemittel beschränken.
Es bietet sich an, diesen Versuch in Form von Lernstationen (AN 1 – 5) aufzubauen. Dann kann auch in Schulen, die nicht über mehrere Abzüge verfügen, der Versuch zur Brennbarkeit (AN 2) als Schülerversuch durchgeführt werden. Dabei ist zu berücksichtigen, dass die Schmelzbereichsbestimmung (AN 1) länger dauert als sie übrigen Versuche (z. B. durch Bereitstellung mehrerer dieser Stationen oder auch nur mehrerer Bechergläser mit Öl).

Protokollbatt zur Untersuchung von Kunststoffproben

Station	0	1	2	3	4	5			KS-Klasse[2]	Ergebnis (Kunststoffsorte)
Kurzbeschreibung (Ursprung, Farbe, Nummer)	Bruch-verhalten[1]	Schmelz-bereich (°C)	Brennbarkeit	Schwelprobe/ Reaktion der der Dämpfe	Lösemittelbeständigkeit Essigsäure-ethylester	Probe schwimmt in				
						H_2O	NaCl-lsg. ρ = 1,17 g · mL^{-1}	$Na_2S_2O_3$-lsg. ρ = 1,37 g · mL^{-1}		

[1] mehrmals abknicken [2] Elastomer oder Duroplast / Thermoplast

Eigenschaften wichtiger Kunststoffsorten

Kunststoff	Schmelzbereich in °C	Brennbarkeit / *Geruch*	Schwelprobe/ *Reaktion der Dämpfe*	Lösemittelbeständigkeit in Essigsäureethylester; *Dichte in g · cm⁻³*	schwimmt in			Bruchverhalten
					H_2O	NaCl-Lsg. ρ = 1,17 g · mL⁻¹	$Na_2S_2O_3$-Lsg. ρ = 1,37 g · mL⁻¹	
PE	105-120	brennt mit bläulich-gelber Flamme, tropft brennend ab / *nach gelöschter Kerze*	wird klar, schmilzt zersetzt sich / *neutral*	stabil *0,92 – 0,96*	+			b
PP	105-120	brennt mit gelber Flamme, tropft brennend ab / *nach gelöschter Kerze*	wird klar, schmilzt, zersetzt sich / *neutral*	stabil *0,91*	+	+	+	h
PS	80-100	brennt flackernd, stark rußend / *süßlich*	schmilzt, verdampft / *neutral*	instabil, klebt 1,05	–	+	+	h
PVC (hart)	75-110	schwer entflammbar, erlischt außerhalb der Flamme, gelbe Flamme mit grünem Saum, rußend / *stechend, brenzlig*	schmilzt, verkohlt / *sauer*	stabil *1,38 – 1,40*	–	–	–	h
PVC (weich)	75-110	schwer entflammbar, erlischt außerhalb der Flamme, gelbe Flamme mit grünem Saum, rußend / *stechend, brenzlig*	schmilzt, verkohlt / *sauer*	stabil *1,19*	–	–	+	g
PMMA	85-105	leicht entflammbar, brennt mit bläulicher bis gelber Flamme, tropft / *fruchtartig*	schmilzt, verdampft / *neutral*	bis 60 s stabil, bei längerer Einwirkung instabil *1,18*	–	–	+	h
PET	220-260	brennt knisternd tropft, leuchtende Flamme / *süßlich kratzend*	schmilzt, verkohlt / *schwach sauer*	stabil *1,3*	–	–	+	b/h
PA	185-255	gelborange Flamme, tropft in Fäden ab / *hornartig*	schmilzt, verkohlt / *alkalisch*	stabil *1,1*	–	+	+	b/h
PC	220-230	leuchtende Flamme, rußend, brennt nicht weiter, verkohlt / *phenolartig*	schmilzt, verkohlt / *schwach sauer*	instabil *1,2 – 1,4*	–	–	+	h (sehr zäh)

Kunststoff	Schmelzbereich in °C	Brennbarkeit / *Geruch*	Schwelprobe/ *Reaktion der Dämpfe*	Lösemittelbeständigkeit in Essigsäureethylester; *Dichte in g · cm⁻³*	schwimmt in			Bruchverhalten
					H_2O	NaCl-Lsg. ρ = 1,17 $g \cdot mL^{-1}$	$Na_2S_2O_3$-Lsg. ρ = 1,37 $g \cdot mL^{-1}$	
PTFE	320-330	brennt und verkohlt nicht, grüner Flammensaum / *(bei Rotglut) stechend*	wird klar, ab 325 °C gummiartig / *sauer*	stabil *2,1 – 2,3*	–	–	–	b
Aminoplaste	schmilzt nicht	gelb, rußend, erlischt außerhalb der Flamme / *stechend, nach Ammoniak, fischartig*	wird braun, verkohlt / *alkalisch*	stabil *1,5*	–	–	–	h
Phenoplaste	schmilzt nicht	gelb, rußend, erlischt außerhalb der Flamme	wird braun, verkohlt / *alkalisch*	stabil *1,27*	–	–	+	h
PU	160(**)	erlischt außerhalb der Flamme	schmilzt, wird braun / *alkalisch*	stabil *1,21*	–	–	+	h
Polyesterharze	schmilzt nicht	kaum entflammbar, erlischt außerhalb der Flamme, schmilzt nicht, verkohlt, Rückstand grau-beige	schmilzt nicht, verkohlt / *schwach sauer*	stabil *k. A.*	–	–	+	h
Celluloid	70(**)	brennt heftig mit gelber Flamme	*sauer*	instabil *k. A.*	–	–	+	b/h
Celluloseacetat	60(**)	leicht entflammbar, tropft brennend ab	*schwach sauer*	stabil *k. A.*	–	–	+	b/h
Epoxidharze	schmilzt nicht	brennt mit hell-oranger, rußender Flamme, erlischt außerhalb der Flamme	schmilzt nicht, verkohlt / *neutral*	stabil *k. A.*	+	+	+	h

Abkürzungen: **b**iegsam, **g**ummielastisch, **h**art, **l**öslich, **u**nlöslich, **q**uellbar
(**): Vicat-Temperatur
k. A.: keine Angabe verfügbar: Die schwach saure Reaktion der Dämpfe ist kaum nachweisbar.

Bestimmung der Schmelztemperatur von Thermoplasten

Geräte:

Heizplatte, Stativ, 2 Muffen, je 1 Klemme für Becherglas und Thermometer, Thermometer (mind. bis 150 °C), Becherglas 250 mL je 1 Rg. pro Kunststoffprobe, Holzstäbchen (Schaschlikspieß), Schere, Seitenschneider

Chemikalien:

Kunststoffproben
Öl für Wärmebad (Salatöl oder Silikonöl)

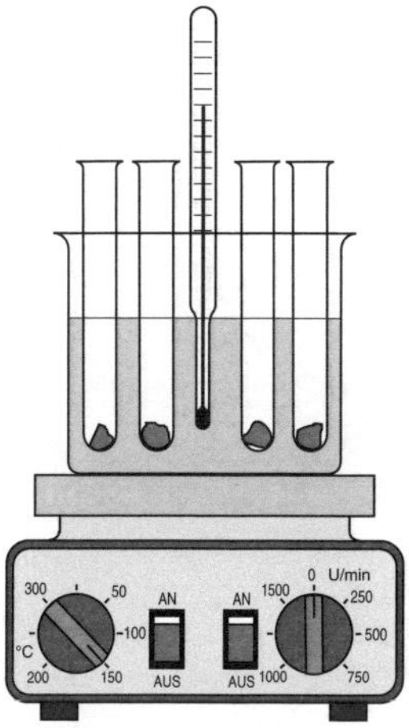

Durchführung:

Die Kunststoffproben werden mittels Schere oder Seitenschneider in Stücke zu je ca. 0,1 g (ca. 0,1 cm^3) zerteilt, in beschriftete Reagenzgläser gefüllt und im Wärmebad erhitzt. Ab 90 °C werden die Proben mit Hilfe des Holzstäbchens auf Veränderung ihrer Härte untersucht.
Die Beobachtungen werden in der Tabelle notiert.

Entsorgung:

Die Reagenzgläser mit den Kunststoffproben werden für den Verschwelungsversuch (Station 3) aufbewahrt.

Erfahrungen:

Die erhaltenen Ergebnisse liegen 10 – 20 °C über den Literaturwerten, weil die Geschwindigkeit der Erwärmung auch eine Rolle spielt. In diesem Versuch wird relativ schnell erwärmt, so dass ein hinreichender Temperaturausgleich zwischen äußerem und innerem Probenbereich in der kurzen Einwirkungszeit nicht erfolgen kann.

Station 2 | AN 6

Brennbarkeit von Kunststoffen

Geräte:
Tiegelzange, Gasbrenner, Metallplatte, Becherglas mit Wasser

Chemikalien:
Kunststoffprobe

Durchführung:

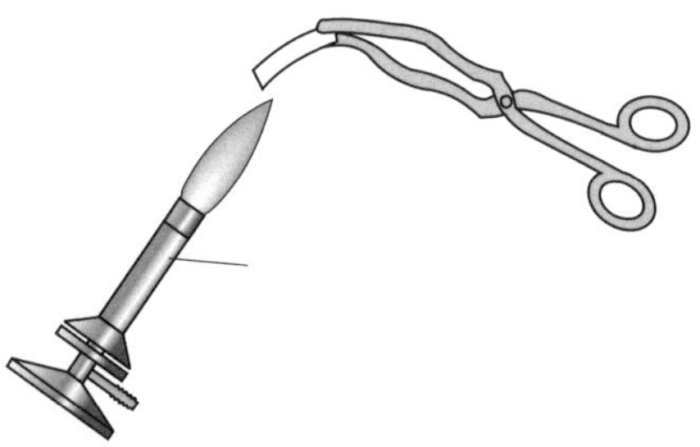

Abzug!
Ein kleines Stück des Kunststoffs wird mit der Tiegelzange in die Flamme eines schräg stehenden Bunsenbrenners gehalten (s. Abb.). Als Schutzunterlage für den Tisch verwendet man die Metallplatte. Falls die Kunststoffprobe brennt, wird sie aus der Flamme genommen, um festzustellen, ob das Material auch außerhalb der Flamme brennt. Anschließend löscht man durch Eintauchen in Wasser.
Nicht länger brennen lassen, als zur Beurteilung der Brennbarkeit nötig ist!
Die Beobachtungen trägt man in die Tabelle ein. (Die Tabelle „Eigenschaften wichtiger Kunststoffsorten" liefert Hinweise, welche Art von Beobachtungen bei der Brennbarkeitsprobe gemacht werden können.)

Entsorgung:
Die Kunststoffreste werden in den organischen Feststoffabfall überführt.

Verhalten von Kunststoffen beim Verschwelen

Chemikalien und Geräte:

Reagenzgläser mit je einer Kunststoffprobe (aus Station 1), Watte, Reagenzglashalter, pH-Papier
Gasbrenner, evtl. Adsorptionsstofen (vgl. Versuch AN 3 Besondere Hinweise)

Durchführung:

Vor dieser Station bitte Station 1 bearbeiten.
Aus der Watte formt man passende Pfropfen und klemmt darin jeweils einen etwa 3 cm langen Streifen pH-Papier ein. Damit verschließt man die Reagenzgläser aus Station 1.
Nun erhitzt man kräftig mit dem Gasbrenner, bis die Dämpfe das pH-Papier erreichen (nicht länger!).
Die Beobachtungen trägt man in eine Tabelle ein.

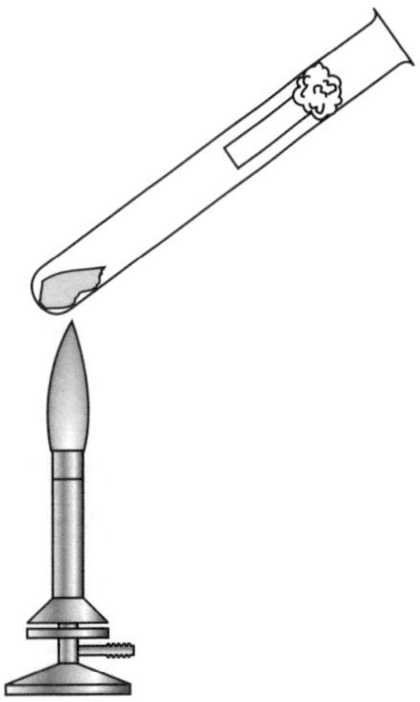

Entsorgung:

Die Reagenzgläser werden komplett in den organischen Feststoffabfall überführt.

Erfahrungen:

Farbstoffe in den Kunststoffproben können sich auf die Färbung des Indikatorpapiers auswirken.
Die neutrale bzw. schwach saure Reaktion lässt sich nicht immer zweifelsfrei feststellen. Deutlich erkennbar sind die alkalische bzw. stark saure Reaktion. Daher nur auf diese achten.

Station 4 I AN 6

Verhalten von Kunststoffen gegenüber Essigsäureethylester

Geräte:
Spatel, Pinzette, Papierhandtuch

Chemikalien:
Kunststoffprobe
Tropfflasche mit Essigsäureethylester

Nr.	Substanzname	Gefahrensymbole	R-Sätze	S-Sätze	K M R_E R_F	VbF	Unterrichts-Einsatz
	Essigsäureethylester	F, Xi	11-36-66-67	2-16-26-33		AI	+

Durchführung:
Man gibt einen Tropfen des Lösemittels auf die Kunststoffprobe, lässt 60 s einwirken und untersucht dann mit dem Spatel die Oberfläche der Probe. Nicht verdunstetes Lösemittel wird mit einem Papiertuch abgewischt.
Die Beobachtungen werden in der Tabelle notiert.

Entsorgung:
Die Kunststoffproben können für die Brennbarkeits- oder Schwelprobe wieder verwendet werden.

Schwimmverhalten von Kunststoffen

Geräte:
3 Bechergläser je 100 mL, Pinzette, Papierhandtücher

Chemikalien:
Kunststoffproben
Kochsalzlösung ($\rho = 1{,}17\ g \cdot mL^{-1}$; w(NaCl) = 23 %) (keine Gefahrenhinweise)
Natriumthiosulfatlösung ($\rho = 1{,}37\ g \cdot mL^{-1}$; $w(Na_2S_2O_3) = 40\ \%$) (keine Gefahrenhinweise)
Wasser ($\rho = 1\ g \cdot mL^{-1}$)

Durchführung:
Die Bechergläser werden etwa zur Hälfte mit den drei Flüssigkeiten gefüllt. Die Kunststoffprobe wird zunächst in das Becherglas mit Wasser gegeben und untergetaucht. Falls sie untergeht, wird sie abgetrocknet und in die Kochsalzlösung gegeben. Falls sie dort ebenfalls untergeht, wird sie unter fließendem Wasser kurz abgespült, abgetrocknet und in die Natriumthiosulfatlösung gegeben. Anschließend wird die Probe wieder gereinigt und getrocknet.
Es ist darauf zu achten, dass keine Luftblasen an den Probestücken haften.

Entsorgung:
Die Salzlösungen werden in die Vorratsgefäße zurück geschüttet. Die Kunststoffproben können für die Brennbarkeits- oder Schwelprobe wieder verwendet werden.

AN 7 Nachweis von Kohlenstoff und Wasserstoff in Kunststoffen

Geräte:

Reaktionsrohr mit passendem durchbohrtem Stopfen, Porzellanschiffchen, Gasbrenner, 2 gewinkelte Glasrohre, U-Rohr mit passendem durchbohrtem Stopfen, großes Becherglas oder Plastikwanne als Kältebad, Gaswaschflasche, Wasserstrahlpumpe, Schmirgelpapier (grob), Pinzette

Chemikalien:

Calciumhydroxid-Lösung (= Kalkwasser), Kupfer(II)-oxid-Pulver, Eiswasser, Kupfersulfat-Papier als Wasserindikator (Herstellung siehe PK 3)

Nr.	Substanzname	Gefahrensymbole	R-Sätze	S-Sätze	K M R_E R_F	VbF	Unterrichts-Einsatz
	Calciumhydroxid-Lösung	Xi	41	22-24-26-39			+
649	Kupfer(II)-oxid, Pulver	Xn	22	2-22			SI

Versuchsaufbau:

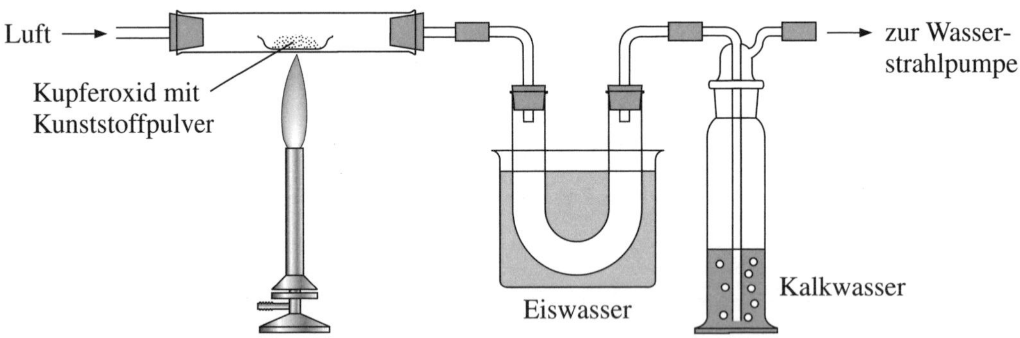

Durchführung:

Die Kunststoffprobe wird mit dem Schmirgelpapier zu Pulver zerkleinert und mit Kupfer(II)-oxid im Massenverhältnis von ca. 1:17 vermischt (etwa 1 Spatelspitze Kunststoffpulver auf 5 Spatelspitzen Kupfer(II)-oxid). Mit

Hilfe der Wasserstrahlpumpe wird Luft durch die Apparatur gesaugt und das Reaktionsrohr mit dem Gasbrenner erhitzt. Nach erfolgter Reaktion berührt man mit dem Kupfersulfatpapier die im U-Rohr kondensierten Flüssigkeitströpfchen.

Beobachtung:
Das U-Rohr beschlägt, und es bilden sich Tröpfchen, welche weißes Kupfersulfatpapier blau färben. Das Kalkwasser wird trübe. Das Reaktionsgemisch färbt sich rötlich.

Ergebnis:
Der in Kunststoffen enthaltene Kohlenstoff wird bei der Oxidation zu Kohlenstoffdioxid, welches durch die Trübung von Kalkwasser nachgewiesen werden kann. In Kunststoffen enthaltener Wasserstoff wird zu Wasser oxidiert, welches in Form von Tröpfchen kondensiert und durch die Blaufärbung von farblosem Kupfersulfat-Papier nachgewiesen werden kann.

Entsorgung:
Kalkwasser mit Essig(säure) neutralisieren (Abwasser) oder in Sammelgefäß Säuren und Laugen.
Kupferoxid und Kupfersulfat: Sammelbehälter für Schwermetallsalze und -lösungen.

Besondere Hinweise:
Da nur wenig Wasser entsteht, ist eine gute Kühlung wichtig.
Da nicht alle Kunststoffproben gut brennen, wird hier als Oxidationsmittel Kupfer(II)-oxid verwendet. (Auch um größere Rußentwicklung und Geruchsbelästigung zu vermeiden.) Das gebildete Kupfer ist an der rötlichen Farbe gut zu erkennen (Möglichkeit der „integrierten Wiederholung“: Redoxreaktion).

4.7 Bezugsquellen für Unterrichtsmaterialien zu Makromolekülen

Diese Materialien sind **kostenlos** für Schulen, daher **Schulstempel** erforderlich!

1 CD-ROM „Kunststoffe aus Makromolekülen“ von Dr. *M. Müller*, aktualisiert 2005.
Zu beziehen über:
Bayer Industry Services GmbH & Co. OHG
Öffentlichkeit
Standortdialog Uerdingen
47812 Krefeld

2 Kunststoff-Proben-Sammlung
Zu beziehen über:
Frau *Tanja Rühl*
PlasticsEurope Deutschland e. V.
Karlstraße 21
60329 Frankfurt/Main
Fax: 069-25 10 60

3 Experimentierkoffer
„Kunos coole Kunststoff-Kiste“
mit Anleitungen und Erklärungen von Versuchen; auch für jüngere Schüler geeignet
Zu beziehen wie unter 2

4 Versuchspaket mit Experimentiervorschriften und
500 g Superabsorber (Versuch VE 4)
Zu beziehen über:
Fa. Stockhausen GmbH & Co. KG, Abteilung Superabsorber/SM
Bäkerpfad 25
47805 Krefeld
Fax 02151-38 12 92

4.8 Vorschläge zum Zusammenstellen von Themenkreisen aus den Experimenten

Naturgemäß ist man als Lehrender anfangs ungeübt, wenn man in einen neuen Lernbereich einsteigt. Dies gilt auch für das Thema Kunststoffe.
Das bedeutet beispielsweise, dass man zunächst nicht erkennt, welche Möglichkeiten der Anwendung in den einzelnen Versuchsvorschriften stecken.
Erst mit zunehmender Erfahrung in diesem Bereich kann man diese voll auswerten.
Daher werden Vorschläge gemacht, welche Versuche man für einen bestimmten Themenkreis zusammenstellen könnte. Dadurch lässt sich für eine weitere Strukturierung innerhalb der Polymeren sorgen.
Der mögliche Einsatz der vorgeschlagenen Beispiele wird jeweils vorweg erläutert[1]:

Zur Polymerisation und Polykondensation:
Ausführung und Auswertung dieser Versuche gewährleisten eine fachwissenschaftlich fundierte Einführung in die Kunststoffchemie für Polymerisation und Polykondensation. Darin sind u. a. enthalten radikalische und ionische Polymerisation, die zugehörigen Reaktionsmechanismen, Entstehung von Thermo- und Duroplasten, sowie der Vernetzungsvorgang.

Reaktionsmechanismen der Polymerisation (PM)
Radikalische PM von Styrol, Methacrylsäuremethylester (PM 1)
Radikalische PM von Methacrylsäuremethylester als Redox-PM (PM 2)
Kationische PM von Styrol (PM 3)
Anionische PM von ε-Caprolactam (PM 4)
Ringöffnende PM von Lactid (PM 5)
PM ohne Katalysator: Copolymerisation von Styrol + Maleinsäureanhydrid (PM 6)

Polykondensationen (PK)
Resorcin + Propanal (Phenoplast) (PK 2)
Glycerin + Bernsteinsäure (PK 3)
Glycol + Phthalsäureanhydrid (linearer Polyester (Thermoplast) (PK 4)
Glycerin + Phthalsäureanhydrid (vernetzter Polyester (Duroplast (PK 5)
Glycerin + Phthalsäureanhydrid + ungesättigte Fettsäuren (lufttrocknende Alkydharze) (PK 6)

[1] Die Buchstaben und Ziffern in Klammern stehen für den Code des Experiments im Skript

Nachwachsende Rohstoffe:
Ein ganz aktuelles Thema bildet heute der Einsatz nachwachsender Rohstoffe, auch auf dem Kunststoffsektor.

Beispiele:
PM von Milchsäure (PM 5)
PK von Citronensäure + Glycerin (PK 8)
PK von Citronensäure + Sorbit (PK 9)

Kunststoffe mit „untypischen" Eigenschaften:
Auf diese Kunststoffe wird hier gesondert hingewiesen, da ihre Eigenschaften der allgemeinen Meinung über die Qualitäten von Kunststoffen widersprechen:
Es gibt Kunststoffe (aus synthetisch hergestellten Ausgangsstoffen), die wasserlöslich sind und solche, die keine elektrischen Isolatoren, sondern in gewissem Maße elektrische Leiter sind. Beides wird in den Schülerexperimenten deutlich.
Ein elektrisch leitfähiger Kunststoff (PK 10)
Ein wasserlöslicher Kunststoff – Polyvinylalkohol (VE 5)

Kunststoffe als Fasern, Kleber und Folien:
In der unterschiedlichen Verwendung von Kunststoffen lässt sich der Zusammenhang zwischen Eigenschaften, Struktur und Anwendung besonders anschaulich vermitteln:
Während Leime und Kleber starke Adhäsions- und Kohäsionskräfte aufweisen müssen, sind die faserbildenden Makromoleküle durch eine lineare Struktur ausgezeichnet. Zwischen den Makromolekülen innerhalb einer jeden Faser müssen ebenfalls entsprechende Bindungskräfte vorliegen.
Um eine Folie zu bilden, sind die Anziehungskräfte zwischen den einzelnen Makromolekülen ebenfalls Voraussetzung. Durch Zugabe von Lösemitteln und/oder Weichmachern, die sich auf Grund ähnlicher Gruppen, wie sie die Makromoleküle enthalten, zwischen diese schieben können, werden die Makromoleküle bereichsweise voneinander getrennt. Nach dem Verdunsten des Lösemittels bleiben diese neu entstandenen Anordnungen teils erhalten. Die Weichmacher verbleiben vollkommen in der Folie.

Leime und Kleber:
Wasserlöslicher Leim aus Casein + Natriumhydroxid (NMM 4)

Wasserunlöslicher Leim aus Casein + Kalkmilch (NMM 9)
Leim aus Gelatine (NMM 5)
Kleber aus Polystyrol (VE 6)

Spinnverfahren:
Trockenspinnen (VE 1)
Schmelzspinnen
- von Polyamiden (VE 2.1)
- von Polyethylenterephthalat (VE 2.2)
- von Polypropen (VE 2.3)

Grenzflächenkondensation („Nylonseiltrick") (PK 1)

Folien:
Aus Chitosan (NMM 7)
aus Polystyrol (VE 7)
aus Stärke (NMM 1)

Experimente auf Schulfesten:
Erfahrungsgemäß kommt es bei Schulfesten darauf an, für die zahlreichen Besucher mit den unterschiedlichsten Kenntnissen in Chemie etwas zum gefahrlosen Selbermachen, etwas optisch Eindrucksvolles und etwas zum Mitnehmen anzubieten.
Dabei sollten unbedingt (fachkundige) Schülerinnen und Schüler die Anleitung und die Hilfestellung für die Besucher übernehmen.
Zum Erfüllen dieser Anforderungen eignen sich bestens die folgenden Experimente.
Springbällchen (VE 9)
Joghurtbecher (VE 3)
Superabsorber (VE 4)
Slime (VE 10)
Windsichter (RE 1)

Polystyrol als Beispiel eines thermoplastischen Kunststoffs:
Dieser Themenkreis bietet sich in mehrfacher Hinsicht an:
1. Hier wird ein Beispiel für „Exemplarisches Lernen" im Kunststoffbereich gegeben. Polystyrol ist dafür sehr geeignet, da viele seiner Eigenschaften auch charakteristisch für andere Thermoplasten sind.
2. Falls für das Thema Kunststoffe nur ein sehr kurzer Zeitraum (8 – 10

Unterrichtsstunden) zur Verfügung steht, kann man am Beispiel Styrol viel Wichtiges über Kunststoffe erfahren.
3. Man kommt mit wenigen Formeln aus.
4. Die Versuche zum (Poly-)Styrol bieten sich von selbst als „Unterrichtsreihe“ an.

Die Experimente umfassen die radikalische und die kationische Polymerisation des Styrols, sowie die (ohne Starter durchführbare) Copolymerisation mit Maleinsäureanhydrid. Als eine Verarbeitungsmöglichkeit des Massenkunststoffs Polystyrol wird das Tiefziehen nachgeahmt. Die unterschiedlichen Erscheinungsformen als Schaumstoff und als massiver Kunststoff werden miteinander verglichen. Schließlich werden verschiedene Möglichkeiten des Recyclings durchgeführt. Die qualitative Analyse schliesst sich an.

Kunststoffe, exemplarisch dargestellt am Beispiel Styrol[1]*:*
Polymerisation (PM 1, PM 3)
Copolymerisation (PM 8)
Anwendung (VE 3, VE 6, VE 7)
Recycling (RE 1, RE 3, RE 4, RE 5, RE 8)
Analyse (AN 1 – 5)

[1] Dazu veranstaltet der Arbeitskreis „Experimente zu Makromolekülen“ im KÖLNER MODELL Lehrerfortbildungen als Workshop unter dem Thema: „Also“, sprach Herr Lehrer Lämpel, „das Styrol sei mein Exempel!“

5. Anhang für Schulformen mit der Sekundarstufe II und für Fortgeschrittene: Vorschläge (mit Lösungen) zur schriftlichen Übung und Evaluation

Die Aufgaben zur schriftlichen Übung oder Evaluation erscheinen nur für die Sekundarstufe II bzw. für Fortgeschrittene geeignet:
Zwar können zahlreiche Experimente auch von den Schülerinnen und Schülern bereits ab Klasse 5 problemlos ausgeführt und (von) ihnen auf sehr vereinfachte Weise „erklärt" werden. Beispiel: Die Körnchen des Superabsorbers „quellen unter Wasseraufnahme auf" (vgl. VE 4). Mit dieser „Erklärung" wurde zwar lediglich die Beobachtung verbalisiert, bis einschließlich Mittelstufe ist diese didaktisch reduzierte „Erklärung" jedoch sicherlich hinreichend. Das Verständnis der erweiterten, fachlich adäquaten Begründung bedarf jedoch eines höheren theoretischen Hintergrundes, der erst in der Sekundarstufe II erwartet werden kann (vgl. VE 4).
Außerdem ist für die Durchschaubarkeit der Polymerenbildung, auch im einfachsten Fall, eine besondere Schreibweise der Reaktionsgleichungen erforderlich. Dazu ist eine gewisse Souveränität im Umgang mit chemischen Formeln notwendig, die man in der Sekundarstufe I noch nicht erwarten kann.

5.1 Testaufgaben

5.1.1 Anforderungen

Die Aufgabenstellung ist so abgefasst, dass für die Lösung nur jene Kenntnisse erforderlich sind, die sich Schülerinnen und Schüler nach den hier vorgegebenen Unterlagen aneignen können. Zur Lösung der Testaufgaben wird Transfer nicht verlangt.

5.1.2 Aufgabenvorschläge mit Lösungen

1. Angabe der Möglichkeiten zur Erzeugung von Radikalen am Beispiel des Peroxids R−O−O−R als Starter einer Polymerisation
Lösung:
- Durch Aufnahme von Energie (vgl. PM 1):
  $R{-}O{-}O{-}R \rightarrow 2\,R{-}O\cdot$
  Es entstehen zwei Radikale
- oder durch Aufnahme eines Elektrons (vgl. PM 2):
  $R{-}O{-}O{-}R + e^{-} \rightarrow R{-}O\cdot + R{-}O^{-}$
  Es enstehen ein Radikal und ein Anion.

2. Formulierung des Reaktionsmechanismus der radikalischen Polymerisation am Beispiel des Propens $H_2C{=}\underset{\underset{CH_3}{|}}{C}H$; Starter R−R

Lösung:

– Starter: R·; Polymersation verläuft analog der Bildung von Polystyrol (vgl. PM 1).

3. Vergleich des prinzipiellen Unterschieds im Abbruch einer radikalischen und einer kationischen Polymerisation

Lösung:

Abbruch einer radikalischen Polymerisation durch Radikale (Starterradikal oder wachsende Kette); Kettenübertragung und Disproportionierung möglich (vgl. PM 1), Abbruch einer kationischen Polymerisation durch Anion (aus Starter), Kettenübertragung möglich (vgl. PM 3), Disproportionierung nicht.

4. Allgemeiner Vergleich zwischen Polymerisation und Polykondensation

Lösung:

Siehe unter „Einteilung der synthetisch hergestellten Kunststoffe".

5. Weiterverarbeitung der Fasern aus Nylon® und Perlon®, möglichst mit Erläuterung an einem Formelabschnitt

Lösung:

Beide Kunststoffe zählen zu den Polyamiden. Die Makromoleküle enthalten OH-, NH- und CO-Gruppen. Zwischen diesen stark polaren Gruppierungen bilden sich in den verstreckten Fasern zahlreiche intermolekulare Wasserstoffbrückenbindungen aus (Formelausschnitt vgl. VE 2.1). Sie sind daher reißfest und werden zu Kletterseilen und Fischereinetzen verarbeitet.

6. Weiterverarbeitung von Polyethylenterephthalat (PET), möglichst mit Formelabschnitt und Begründung

Lösung:

PET ist ein Polyester. Zwischen den einzelnen Makromolekülen können sich keine Wasserstoffbrückenbindungen ausbilden. Als Faser wird PET daher für Gardinen (Stores) und Kleidungsstücke verwendet, als massiver Kunststoff für Getränkeflaschen (Formelabschnitt vgl. VE 2.2.).

7. Beschreibung und Begründung des Verhaltens von Polyvinylalkohol in Wasser (möglichst mit Formelabschnitt), daraus resultierende Verwendung
Polyvinylalkohol ist wasserlöslich: Zwischen den Hydroxylgruppen des Polyvinylalkohols und den Wassermolekülen bilden sich so zahlreiche Wasserstoffbrücken aus, dass die Makromoleküle des Polyvinylalkohols in das Wasser „hineingezogen" werden (Formelabschnitt und Verwendung vgl. VE 5).

5.2 Klausuraufgaben ohne Schülerexperiment

5.2.1 Anforderungen

Bei den hier beschriebenen Beispielen handelt es sich um Vorschläge, die als Anregung aufzufassen sind, ähnliche Aufgabenstellungen selbst zu formulieren. Für die Lösung der Aufgaben ist die *gründliche* Kenntnis der vorgegebenen Unterlagen dieses Unterrichtswerkes hinreichende Voraussetzung.
Außerdem wird das Verständnis für einfache bis anspruchsvollere chemische Zusammenhänge erwartet. Da hierfür die Vorbereitung durch den Unterricht entscheidend ist, wird auf eine Kennzeichnung des Schwierigkeitsgrades der Aufgaben verzichtet. Ebenso bleibt es selbstverständlich der/dem Lehrenden überlassen, ob und in welchem Maße die Vorgaben erweitert oder verkürzt werden.

5.2.2 Aufgabenvorschläge mit Lösungen

1. Beschreibung der folgenden Makromoleküle
Arbeitsaufträge:
Angabe des Reaktionsschemas, Name des Herstellungsverfahrens, Name / Klasse des / der Ausgangsstoffe(s), Klassifizierung des Makromoleküls
1.1 $-CH_2-CH=CH-CH_2-CH_2-CH=CH-CH_2-CH_2-$
1.2 $-CO-(CH_2)_4-CO-NH-(CH_2)_2-NH-CO-(CH_2)_4-CO-NH-$

Lösung:

1.1 Polymerisation

$$\underset{\text{1,3-Butadien}}{n\,H_2C=CH-CH=CH_2} \longrightarrow \underset{\text{Polybutadien}}{\left[CH_2-CH=CH-CH_2\right]_n}$$

1.2 Polykondensation

$$\underset{\text{Ethylendiamin}}{n\,H_2N-(CH_2)_2-NH_2} + \underset{\text{Hexandisäure}}{n\,HOOC-(CH_2)_4-COOH} \longrightarrow$$

$$\underset{\text{Polyamid}}{H\left[HN-(CH_2)_2-NH-CO-(CH_2)_4-CO\right]_n OH} + \underset{\text{Wasser}}{(2n-1)\,H_2O}$$

2. Beschreibung der kationischen Polymerisation von Formaldehyd CH_2O (Methanal)

Fachspezifische Vorgaben ([5] S. 64 – 65; [6] S. 164):

In einigen unpolaren Lösemitteln lässt sich das gasige Methanal lösen und rasch zu festem, weißem Polyformaldehyd umsetzen. Als Starter der Polymerisation dient das Proton H^+, erzeugt aus der Lewis-Säure Bortrifluorid (BF_3) und Spuren von Wasser.

Arbeitsaufträge:

Angabe der Reaktionsschemata zur

- Polymerisation des Methanals
- Erzeugung des kationischen Starters
- Start, Wachstum und Abbruch der Polymerisation

Lösung:

– Polymerisation

$$n\,CH_2O \longrightarrow \left[CH_2{-}O \right]_n$$

Formaldehyd — Polyformaldehyd, Polyoxymethylen

– Erzeugung des Starters

$$BF_3 + H_2O \longrightarrow [BF_3(OH)]^- + H^+$$

Proton

– Start der Polymerisation

$$H^+ + O{=}CH_2 \longrightarrow HO{-}CH_2^+$$

Proton — Formaldehyd — Kation

– Wachstum

$$HO{-}CH_2^+ + n\,OCH_2 \longrightarrow HO{-}CH_2\left[O{-}CH_2 \right]_{n-1}O{-}CH_2^+$$

Kation — Formaldehyd

– Abbruch

$$HO{-}CH_2\left[O{-}CH_2 \right]_{n-1}O{-}CH_2^+ + [BF_3(OH)]^- \longrightarrow HO\left[CH_2{-}O \right]_{n+1}H + BF_3$$

wachsende Kette (= Kation) — Anion — Polyformaldehyd

– Kettenübertragung möglich, da die heterolytische Spaltung des Wassers nur eine geringe Aktivierungsenergie erfordert.

$$HO{-}CH_2\left[O{-}CH_2 \right]_{n-1}O{-}CH_2^+ + H{-}OH \longrightarrow HO\left[CH_2{-}O \right]_{n+1}H + H^+$$

wachsende Kette (= Kation) — Spuren — Polyformaldehyd — Proton (Starter)

3. Beschreibung der anionischen Polymerisation von Formaldehyd CH_2O (Methanal)
Fachspezifische Vorgaben ([6] S. 164 – 165):
In einigen unpolaren Lösemitteln lässt sich das gasige Methanal lösen und rasch zu Polyformaldehyd umsetzen. Als Starter der Polymerisation diene hier das Hydroxidion $[OH]^-$, erzeugt aus der Lewis-Base Pyridin (C_6H_5N) und Spuren von Wasser.

Arbeitsaufträge:
Angabe der Reaktionsschemata zur
- Polymerisation des Methanals
- Erzeugung des anionischen Starters
- Start, Wachstum und Abbruch der Polymerisation

Lösung:

- Polymerisation: Vergl. Aufgabe 2

- Erzeugung des Starters

$$\underset{\text{Pyridin}}{C_6H_5N} + \underset{\text{Wasser}}{H{-}OH} \longrightarrow C_6H_5NH^+ + \underset{\text{Hydroxidion}}{[OH]^-}$$

- Start der Polymerisation

$$\underset{\text{Proton}}{[OH]^-} + \underset{\text{Formaldehyd}}{H_2C{=}O} \longrightarrow \underset{\text{Anion}}{HO{-}CH_2O^-}$$

- Wachstum

$$\underset{\text{Anion}}{HO{-}CH_2O^-} + \underset{\text{Formaldehyd}}{n\,CH_2O} \longrightarrow \underset{\text{wachsende Kette (= Anion)}}{HO{-}CH_2{\left[O{-}CH_2\right]}_{n-1}O{-}CH_2{-}O^-}$$

- Abbruch

$$\underset{\text{wachsende Kette (= Anion)}}{HO{-}CH_2{\left[O{-}CH_2\right]}_{n-1}O{-}CH_2{-}O^-} + \underset{\text{Kation}}{C_6H_5NH^+} \longrightarrow \underset{\text{Polyformaldehyd}}{HO{\left[CH_2{-}O\right]}_{n+1}H} + C_6H_5N$$

- Kettenübertragung (Text vergl. Aufgabe 2)

$$\underset{\text{wachsende Kette (= Anion)}}{HO{-}CH_2{\left[O{-}CH_2\right]}_{n-1}O{-}CH_2{-}O^-} + \underset{\text{Spuren}}{H{-}OH} \longrightarrow \underset{\text{Polyformaldehyd}}{HO{\left[CH_2{-}O\right]}_{n+1}H} + \underset{\text{Hydroxidion (Starter)}}{[OH]^-}$$

4. Silikone, eine technisch wichtige Polykondensatgruppe ([2] S. 4106 – 4111)
Fachspezifische Vorgaben:
4.1. Der Ausgangsstoff Dimethylsilanol wird in zwei Schritten hergestellt:
1. Schritt: Das Element Silicium wird bei 300 °C mit Monochlormethan umgesetzt zu (fast reinem) Dimethylsiliciumdichlorid $(CH_3)_2SiCl_2$.
Als Nebenprodukte entstehen Spuren von Methylsiliciumtrichlorid und Trimethylsiliciumchlorid.
2. Schritt: Durch Reaktion von Dimethylsiliciumdichlorid mit Wasser entsteht unter Abspaltung von Chlorwasserstoff der 2-wertige „Siliciumalkohol" Dimethylsilanol.

4.2 Die Polykondensation von Dimethylsilanol zu Silikon:
Das (linear aufgebaute) Polykondensat entsteht durch fortlaufende Kondensation von Dimethylsilanol-Molekülen unter Abspaltung von Wasser.
Es ist kein Starter erforderlich.

4.3 Ein Ausspruch über Silikone lautet:
„Silikone sind in Paraffin eingewickelter Quarz."

Arbeitsaufträge:
- Angabe der Schemata zu jeder der unter 4.1 und 4.2 beschriebenen Reaktionen
- Beschreibung des Einflusses von Methylsiliciumtrichlorid über den daraus entstandenen „Siliciumalkohol" auf die wachsende Polykondensatkette aus Dimethylsilanol (mit Reaktionsschema)
- Beschreibung des Einflusses von Trimethylsiliciumchlorid über den daraus entstandenen „Siliciumalkohol" auf die wachsende Polykondensatkatte aus Dimethylsilanol (mit Reaktionsschema)
- Erläuterung des Ausspruchs unter 4.3

Lösung:

4.1 1. Schritt

Gewinnung von Dimethylsiliciumdichlorid:

$$\underset{\text{Silicium}}{Si} + \underset{\text{Monochlormethan}}{2\,CH_3Cl} \longrightarrow \underset{\text{Dimethylsiliciumdichlorid}}{(CH_3)_2SiCl_2}$$

Nebenreaktionen:

$$\underset{\text{Silicium}}{2\,Si} + \underset{\text{Monochlormethan}}{4\,CH_3Cl} \longrightarrow \underset{\text{Methylsilicium-trichlorid}}{CH_3SiCl_3} + \underset{\text{Trimethylsilicium-chlorid}}{(CH_3)_3SiCl}$$

2. Schritt

Umsetzung zu „Siliciumalkoholen“

$$\underset{\text{Dimethylsiliciumdichlorid}}{(CH_3)_2SiCl_2} + \underset{\text{Wasser}}{2\,HO{-}H} \longrightarrow \underset{\text{Dimethylsilanol}}{(CH_3)_2Si(OH)_2} + \underset{\text{Chlorwasserstoff}}{2\,HCl}$$

Nebenreaktionen:

$$\underset{\text{Methylsilicium-trichlorid}}{CH_3SiCl_3} + \underset{\text{Trimethylsilicium-chlorid}}{(CH_3)_3SiCl} + \underset{\text{Wasser}}{4\,HO{-}H} \longrightarrow \underset{\text{Monomethyl-silanol}}{CH_3Si(OH)_3} + \underset{\text{Trimethyl-silanol}}{(CH_3)_3Si(OH)} + \underset{\text{Chlor-wasserstoff}}{4\,HCl}$$

4.2 Polykondensation:

$$\underset{\text{Dimethylsilanol}}{n\,(CH_3)_2Si(OH)_2} \longrightarrow \underset{\text{Silicon}}{\left[(CH_3)_2Si{-}O\right]_n} + \underset{\text{Wasser}}{n\,H_2O}$$

Nebenreaktionen:
Einbau von Monomethylsilanol in wachsenden Ketten kann durch intermolekulare Wasserabspaltung zu Vernetzungen führen:

$$\underset{\text{Monomethylsilanol}}{CH_3Si(OH)_3} + \underset{\text{wachsendes Kette}}{\cdots O{-}(CH_3)_2Si\cdots} \longrightarrow$$

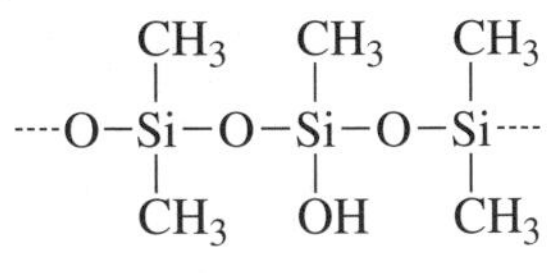

Einbaqu von Trimethylsilanol in wachsende Ketten führt zum Abbruch des Wachstums. Es entstehen kürzere Ketten:

$$\underset{\text{Trimethylsilanol}}{(CH_3)_3Si(OH)} + \underset{\text{wachsendes Kette}}{\cdots O{-}(CH_3)_2Si\cdots} \longrightarrow$$

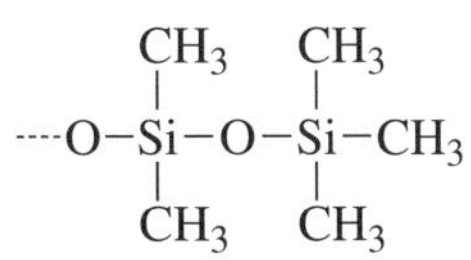

4.3 Deutung ist aus der Strukturformel der Silicone ersichtlich: Die äußeren Methylreste stehen für „Paraffine“, die Si–O-Verknüpfung in der Kette für „Quarz“ (SiO_2).

5.3 Klausuraufgaben mit Schülerexperiment

5.3.1 Anforderungen

Chemie ist eine experimentelle Naturwissenschaft!

Klausuren mit Schülerexperimenten stellen für Lernende und Lehrende eine Herausforderung dar. Von den Lernenden werden solche Klausuren mit Neugier und banger Spannung erwartet; von den Lehrenden erfordern sie ein großes Maß an Vorüberlegung und praktischer Vorbereitung, denn nicht allzu viele Versuche sind hier als Schülerexperiment geeignet.

Dazu müssen die Versuche, neben den üblichen Sicherheitsvorschriften, folgende Voraussetzungen erfüllen:

- Das Ergebnis muss rasch zu ermitteln und eindeutig sein.
- Es muss sichergestellt sein, dass jede/r Schüler/in das Ergebnis selbständig erarbeitet.

Diese Voraussetzungen lassen sich in der Unterrichtsreihe Kunststoffe in Form einer Titration im Rahmen der quantitativen Analyse eines Kunststoffs bestens erfüllen.

Für diesen Zweck muss die Aufgabenstellung fachspezifische Vorgaben mit den nötigen Informationen zum Lösen der Aufgabe enthalten. Dazu gehören die Ergebnisse von Experimenten, die sich nicht im zeitlichen oder experimentellen Rahmen einer Klausur ausführen lassen, wie die Ermittlung der qualitativen Zusammensetzung des Kunststoffs oder die Ergebnisse der Elementaranalyse nach *Liebig*.

Der Schwierigkeitsgrad der Aufgabe muss für alle Schülerinnen und Schüler gleich sein. Das bedeutet: Identische Werte für die fachspezifischen Vorgaben. Das Verfahren der Elementaranalyse wird als bekannt vorausgesetzt. (Hinweis: Der Einfachheit halber wurde hier der Index n in den Reaktionsschemata der Oxidation gleich eins gesetzt.) Zum Ermitteln des Anteils eines weiteren Bestandteils des Kunststoffs (z. B. Chlor, Stickstoff) werden in der Aufgabenstellung zusätzliche, unterschiedliche Einwaagen vorgegeben und daraus über eine Titration dessen Anteil im Kunststoff über die jeweilige Einwaage bestimmt. Das besagt hier: Obwohl die Ergebnisse der Titrationen je nach Einwaage unterschiedlich sind, bleibt auch der Anteil von z. B. Chlor oder Stickstoff im Kunststoff gleich und somit auch die herauszufindende Formel des Kunststoffs.

Der (nicht) vorhandene Anteil des Sauerstoffs ergibt sich aus der Differenz zwischen Einwaage und der Summe aller Anteile.

5.3.2 Vorschläge zur Organisation von Schülerexperimenten (Titration)

Selbstverständliche Voraussetzung für eine Titration im Rahmen einer Klau-

sur ist es, dass die Schülerinnen und Schüler mit eben diesem Titrationsverfahren vom Unterricht her vertraut sind.
Während der Klausur wird eine gemeinsame Titrierstation für alle eingerichtet, die ständig von der/dem Lehrenden betreut wird. Die Schüler/innen titrieren nacheinander und einzeln. Jede/r Schüler/in erhält zwei übereinstimmende Titrierproben (abgemessene Portion mit Indikatorlösung) zur Roh- und Feintitration. Alle Titriergefäße sind mit destilliertem Wasser auf etwa das gleiche Volumen aufgefüllt, so dass kein abschätzender Vergleich bezüglich des zu bestimmenden Anteils möglich ist.
Titriert wird auf volle Milliliter. Für die vorbereitende Lehrkraft bedeutet das, die vorgegebenen Lösungen möglichst genau auf volle Milliliter abzumessen: Durch diese Methode sollen lediglich kleinere Titrationsfehler vernachlässigt werden können, da den Schülerinnen und Schülern im allgemeinen die nötige Routine beim Titrieren fehlt.
Nach der Titration vergleicht die/der Lehrende das Ergebnis mit dem entsprechend nummerierten Wert auf ihrer/seiner Liste: Stimmen die Werte überein, wird der/dem Schüler/in die Richtigkeit bestätigt; ist das Ergebnis falsch, wird der richtige Wert (unter Abzug von Bewertungseinheiten) mitgeteilt, da ein weiteres sinnvolles Bearbeiten der Aufgabe sonst nicht möglich wäre.

5.3.3 Aufgabenvorschläge mit Lösungen

Chlorhaltige Kunststoffe

1. $CH_2{=}CH{-}CCl{=}CH_2$ 2-Chlor-1,3-butadien, Chloropren
   Verhältnisformel = $(C_4H_5Cl_1)_n$
   Summenformel = C_4H_5Cl
   Molare Masse = $(4 \times 12{,}0 + 5 \times 1{,}0 + 35{,}5)\ g \cdot mol^{-1} = 88{,}5\ g \cdot mol^{-1}$

– Ermitteln der Anteile C und H:
  Verbrennung über Kupfer(II-)oxid (nach *Liebig*):

$$2\ C_4H_5Cl + 21\ CuO \rightarrow 8\ CO_2 + 5\ H_2O + 21\ Cu$$
$$2 \times 88{,}5\ g \ \hat{=}\ 8 \times 44\ g\ CO_2 + 5 \times 18\ g\ H_2O$$
$$177\ g\ \text{Kunststoff} \ \hat{=}\ 352\ g\ CO_2 + 90\ g\ H_2O \quad |:100$$
$$1{,}77\ g\ \text{Kunststoff} \ \hat{=}\ 3{,}52\ g\ CO_2 + 0{,}90\ g\ H_2O$$
$$\hat{=}\ 0{,}96\ g\ C + 0{,}10\ g\ H$$

Ermitteln des Anteils an Cl:
Bei der Oxidation des Kunststoffs nach *Schöniger* mit gasförmigem Sauerstoff wird das entstehende Chlorwasserstoffgas in verdünnter Natronlauge, die etwas Perhydrol enthält, aufgenommen. Die Lösung wird mit Salpeter-

säure neutralisiert und anschließend nach *Fajans* mit Silbernitratlösung gegen Fluorescein als Indikator titriert ([7] S. 65 – 66; S. 329).
Zur Lehrerinformation: Den Äquivalenzpunkt erkennt man am Verschwinden der (gelbgrünlichen) Fluoreszenz und am gleichzeitigen Auftreten einer Hellrotfärbung des Niederschlages. Der Farbwechsel beruht wohl auf der Bildung des äußerst feinkristallinen, dunkelroten Niederschlages von Silberfluoresceinat, das leichter löslich als Silberchlorid ist. Dieses Salz wird vom Silberchlorid adsorbiert, so dass schließlich die Titrationslösung farblos, der ursprünglich weiße, käsige Niederschlag hingegen hellrot erscheint. Die neutrale Reaktion der zu titrierenden Lösung ist unbedingt erforderlich, da Fluorescein in saurer Lösung keine wahrnehmbare Fluoreszenz zeigt.
Der Zusatz von Perhydrol dient vermutlich dazu, evtl. entstandenes Chlor quantitativ zu Chloridionen zu reduzieren ([9] S. 537)).
Titration der Chloridionen nach *Fajans* mit Silbernitratlösung ([7] S. 65 – 66; S. 329):
Für das Schülerexperiment wird eine abgemessene Portion einer Natriumchlorid-Lösung bekannter Konzentration vorgelegt, der man einige Tropfen einer 1 – 2 %igen ethanolischen Lösung von Fluorescein(-Natrium) zugesetzt hat. Titriert wird mit einer Silbernitratlösung bekannter, am einfachsten gleicher Konzentration bis zum Auftreten einer Rötlichfärbung des Niederschlages und dem gleichzeitigen Verschwinden der Fluoreszenz.

Für $(C_4H_5Cl_1)_n$ gilt:
88,5 g Kunststoff enthalten 35,5 g Cl ≙ 1 L Silbernitratlösung, $c(AgNO_3) = 1\ mol \cdot L^{-1}$
88,5 mg Kunststoff enthalten 35,5 mg Cl ≙ 10 mL Silbernitratlösung, $c(AgNO_3) = 0{,}1\ mol \cdot L^{-1}$
Daraus ergibt sich für weitere Titrationsproben:
44,25 mg Kunststoff verbrauchen 5 mL Silbernitratlösung, $c(AgNO_3) = 0{,}1\ mol \cdot L^{-1}$
132,75 mg Kunststoff verbrauchen 15 mL Silbernitratlösung, $c(AgNO_3) = 0{,}1\ mol \cdot L^{-1}$
177,0 mg Kunststoff verbrauchen 20 mL Silbernitratlösung, $c(AgNO_3) = 0{,}1\ mol \cdot L^{-1}$

Beispiel:
132,75 mg Kunststoff verbrauchen 15 mL Silbernitratlösung, $c(AgNO_3) = 0{,}1\ mol \cdot L^{-1}$

Nach $Ag^+ + Cl^- \rightarrow Ag^+Cl^-$
gilt $1\ mol\ Ag^+ \triangleq 1\ mol\ Cl^-$

Umrechnen auf Gesamteinwaage des Kunststoffs:
132,75 mg Kunststoff enthalten 53,25 mg Chlor
1770,00 mg Kunststoff enthalten 710,00 mg Chlor = 0,71 g Chlor

Kontrollrechnung:

1,77 g Kunststoff
– 0,96 g Kohlenstoff
– 0,10 g Wasserstoff
– 0,71 g Chlor

0,00 g Sauerstoff

2. $CH_2 = CHCl$ Monochlorethen, Vinylchlorid

Verhältnisformel = $(C_2H_3Cl_1)_n$

Summenformel = C_2H_3Cl

Molare Masse = $(2 \times 12{,}0 + 3 \times 1{,}0 + 35{,}5)\ g \cdot mol^{-1} = 62{,}5\ g \cdot mol^{-1}$

– Ermitteln der Anteile C und H:

Verbrennung über Kupfer(II-)oxid (nach *Liebig*):

$2\ C_2H_3Cl + 11\ CuO \quad 4\ CO_2 + 3\ H_2O + 11\ Cu$

$2 \times 62{,}5\ g$ Kunststoff $\triangleq 4 \times 44\ g\ CO_2 + 3 \times 18\ g\ H_2O$

1,25 g Kunststoff $\triangleq 1{,}76\ g\ CO_2 + 0{,}54\ g\ H_2O$

0,48 g C + 0,06 g H

– Ermitteln des Anteils an Cl:

1,25 g Kunststoff enthalten
– 0,48 g C
– 0,06 g H

0,71 g Cl

Aus den hier errechneten Anteilen für Kohlenstoff und Wasserstoff und den für unter Chloropren ermitteltem Chloranteil (Titration nach *Fajans* mit Silbernitratlösung) wird die zu lösende Aufgabe zusammengestellt.
Aus der Kontrollrechnung nach der Chloridtitration ergibt sich für die Schüler, dass kein Sauerstoff in diesem Kunststoff enthalten ist.

Zusatzinformationen:
Nur das Monomer entfärbt Bromwasser.

Es gibt nur eine Strukturformel.
Es gibt nur eine Möglichkeit der Polymerisation.

3. $CH_2 = CCl_2$ 1,1-Dichlorethen, Vinylidenchlorid
Verhältnisformel = $(C_1H_1Cl_1)_n$
Summenformel = $C_2H_2Cl_2$
Molare Masse = $(2 \times 12{,}0 + 2 \times 1{,}0 + 2 \times 35{,}5)\ g \cdot mol^{-1} = 97{,}0\ g \cdot mol^{-1}$

– Ermitteln der Anteile C und H:
Verbrennung über Kupfer(II-)oxid (nach *Liebig*):

$CH_2 = CCl_2 + 5\ CuO$	$\rightarrow$	$2\ CO_2$ +		H_2O + 5 Cu
97,0 g Kunststoff	≙	2 × 44 g CO_2 +		18,0 g H_2O
97,0 g Kunststoff	≙	88 g CO_2 +		18,0 g H_2O
0,97 g Kunststoff	≙	0,88 g C	+	0,18 g H
		0,24 g C	+	0,02 g H

- Ermitteln des Anteils an Chlor:
  0,97 g Kunststoff enthalten
  – 0,24 g C
  – 0,02 g H
  ―――――
  0,71 g Cl

– Aus den hier errechneten Anteilen für Kohlenstoff und Wasserstoff und den unter Chloropren ermitteltem Chloranteil (Titration nach *Fajans* mit Silbernitratlösung) wird die zu lösende Aufgabe zusammengestellt. Aus der Kontrollrechnung nach der Chloridtitration ergibt sich für die Schüler, dass kein Sauerstoff in diesem Kunststoff enthalten ist.
– Zusatzinformation: Nur das Monomer entfärbt Bromwasser.
– Es gibt (für die Schüler) zwei mögliche Strukturformeln. Neben dem 1,1-Dichlorethen (dem Monomer Vinylidenchlorid, das in der Praxis in Copolymerisaten Verwendung findet) ([1], S. 58), muss man das 1,2-Dichlorethen als gleichwertige Lösung anerkennen, obwohl dafür in der Praxis keine Polymerisation bekannt ist.

5. Stickstoffhaltige Kunststoffe
Die Anteile an Kohlenstoff und Wasserstoff werden wie üblich durch die Verbrennungsanalyse nach *Liebig* bestimmt.
Prinzip der Ermittlung des Stickstoffanteils:
Der Stickstoffgehalt wird quantitativ nach *Kjeldahl* festgestellt ([7] S. 667 – 668).

Dazu wird der Kunststoff mit konzentrierter Schwefelsäure zersetzt, um den organisch gebundenen Stickstoff in Ammoniumsulfat überzuführen. Die Lösung wird anschließend mit Kalilauge alkalisch gemacht. Das dadurch freigesetzte Ammoniakgas wird aus der Lösung abdestilliert und in einer abgemessenen Salzsäureportion bekannter Konzentration aufgefangen. Die überschüssige Salzsäure wird mit Natronlauge bekannter Konzentration zurücktitriert. Indikator: z. B. Methylrot.
Für das Schülerexperiment (Säure-Base-Titration) wird eine bekannte Salzsäureportion vorgelegt, die mit Indikatorlösung versetzt ist. Mit Natronlauge bekannter Konzentration wird bis zum Umschlagspunkt des Indikators (bei Methylrot von Rot nach Gelb) titriert.

1. $CH_2{=}CH{-}C{\equiv}N$ Acrylsäurenitril, Vinylcyanid, Acrylnitril
   Verhältnisformel = $(C_3H_3N_1)_n$
   Summenformel = C_3H_3N
   Molare Masse = $(3 \times 12 + 3 \times 1{,}0 + 14{,}0)\ g \cdot mol^{-1} = 53\ g \cdot mol^{-1}$
- Ermitteln der Anteile C und H:
  Oxidation über Kupfer(II-)oxid (nach *Liebig*):

$2\ C_3H_3N + 15\ CuO$	$\rightarrow$	$6\ CO_2$ +	$3\ H_2O$ + $15\ Cu$	
2×53 g Kunststoff	$\triangleq$	6×44 g CO_2 +	3×18 g H_2O	
106 g Kunststoff	$\triangleq$	264 g CO_2 +	54 g H_2O	| :100
1,06 g Kunststoff	$\triangleq$	2, 64 g CO_2 +	0,54 g H_2O	
		0,72 g C +	0,06 g H	

- Ermitteln des Anteils von Stickstoff:
  1,06 g Einwaage an Kunststoff
  – 0,72 g C
  – 0,06 g H
  ———
  0,28 g N

Für $(C_3H_3N_1)_n$ gilt:
53 g Kunststoff enthalten 14 g N $\triangleq$ 1 L Salzsäure, $c(HCl) = 1\ mol \cdot L^{-1}$, denn
$NH_4^+(OH)^- + H_3O^+Cl^- \rightarrow NH_4^+Cl^- + 2H_2O$
53 mg Kunststoff enthalten 14 mg N $\triangleq$ 10 mL Salzsäure, $c(HCl) = 0{,}1\ mol \cdot L^{-1}$.
Daraus ergibt sich für weitere Titrierproben:
106 mg Kunststoff enthalten 28 mg N $\triangleq$ 20 mL Salzsäure,
$c(HCl) = 0{,}1\ mol \cdot L^{-1}$
79,5 mg Kunststoff enthalten 21 mg N $\triangleq$ 15 mL Salzsäure,
$c(HCl) = 0{,}1\ mol \cdot L^{-1}$

Bei dieser Titration handelt es sich um eine Rücktitration der unverbrauchten Salzsäure, c(HCl) = 0,1 mol · L^{-1}. Die Rücktitration erfolgt mit Natronlauge bekannter, am einfachsten gleicher Konzentration bis zum Umschlagspunkt des Indikators (bei Methylrot von Rot nach Gelb).
Beispiel:
79,5 mg Kunststoff wurden nach *Kjeldahl* aufgeschlossen und weiter behandelt. Das übergetriebene Ammoniakgas wurde in 25 mL Salzsäure, c(HCl) = 0,1 mol · L^{-1}, quantitativ absorbiert. Die überschüssige Salzsäure wurde mit 10 mL Natronlauge, c(NaOH) = 0,1 mol · L^{-1}, zurücktitriert.
Verbrauch an Salzsäure, c(HCl) = 0,1 mol · L^{-1} = 15 mL ≙ 21 mg Stickstoff.
Umrechnen auf die Einwaage Kunststoff: 1,06 g ≙ 0,28 g Stickstoff.
Die Kontrollrechnung ergibt, dass kein Sauerstoff im Kunststoff enthalten ist.
Zusatzinformation: Nur das Monomer entfärbt Bromwasser.

2.

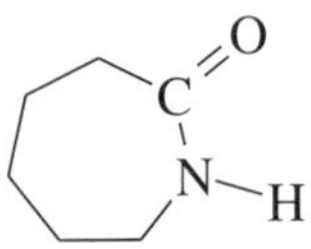

ε-Caprolactam

Verhältnisformel = $(C_6H_{11}N_1O_1)_n$
Summenformel = $C_6H_{11}NO$
Molare Masse = (6 × 12,0 + 11 × 1,0 + 14,0 + 16,0) g · mol^{-1} = 113,0 g · mol^{-1}

- Ermitteln der Anteile C und H:
  Oxidation über Kupfer(II-)oxid (nach *Liebig*):

$$2\,C_6H_{11}NO + 33\,CuO \rightarrow 12\,CO_2 + 11\,H_2O + 33\,Cu$$

226 g Kunststoff	≙	12 x 44 g CO_2 +	11 × 18 g H_2O	
	≙	528 g CO_2 +	198 g H_2O	
	≙	144 g C +	22 g H	

- Ermitteln des Anteils N (nach *Kjeldahl*):
  113 mg Kunststoff wurden mit konzentrierter Schwefelsäure aufgeschlossen und nach *Kjeldahl* weiter behandelt.
  Zur quantitativen Absorption des entstandenen Ammoniakgases wurden 20 mL Salzsäure, c(HCl) = 0,1 mol · L^{-1}, vorgelegt. Zur Rücktitration der überschüssigen Salzsäure waren 10 mL Natronlauge, c(NaOH) = 0,1 mol · L^{-1} erforderlich.
  Verbrauch an Salzsäure, c(HCl) = 0,1 mol · L^{-1} , = 10,0 mL ≙ 14 mg Stickstoff, d. h. 1 mol Kunststoff (113,0 g · mol^{-1}) enthält 14 g Stickstoff.

Kontrollrechnung:

	113,0 g Kunststoff
–	72,0 g C
–	11,0 g H
–	14,0 g N
	16,0 g O

Zusatzinformation: Weder Monomer noch Polymerisat entfärben Bromwasser.

5.3.4 Beispiel einer Schüleraufgabe

Analyse eines Kunststoffs
(Aufgabe mit Schülerexperiment und fachspezifischen Vorgaben)

1. Fachspezifische Vorgaben

Die Teilnehmenden eines Chemiekurses sollen einen unbekannten Kunststoff untersuchen.

Dabei erhalten sie folgende Versuchsergebnisse:

V 1: Die qualitative Analyse dieses durch Homopolymerisation entstandenen Kunststoffs ergibt Kohlenstoff, Wasserstoff und Chlor.

V 2: Monomer *und* Polymerisat entfärben Bromwasser.

V 3: Bei der quantitativen Oxidation über Kupfer(II-)oxid entstehen aus 1,77 g Kunststoff 3,52 g Kohlenstoffdioxid und 0,90 g Wasser

V 4: Durchführung des Schülereperiments Probe Nr.: z. B. 12 ....

Zur Ermittlung des Chlorgehalts wurden 132,75 mg Kunststoff eingewogen, nach *Schöniger* in Chlorwasserstoff überführt und das entstandene Chlorwasserstoffgas quantitativ in einem geeigneten Lösemittel absorbiert.

Ermitteln Sie den Chlorgehalt dieses Kunststoffs durch Titration der Chloridionen mit Silbernitratlösung, $c(AgNO_3) = 0{,}1\ mol \cdot L^{-1}$. Indikator: Fluoresceinlösung.

Verbrauch an Silbernitratlösung, $c(AgNO_3) = 0{,}1\ mol \cdot L^{-1}$: ...15......... mL

2. Arbeitsaufträge

2.1 Berechnen Sie die Verhältnisformel dieses Kunststoffs, indem Sie

2.1.1 über den Verbrauch an Silbernitratlösung den Chloranteil ermitteln

2.1.2 aus den gegebenen Daten für Kohlenstoffdioxid und Wasser den Gehalt an Kohlenstoff und Wasserstoff errechnen

2.2. Versuchen Sie,

2.2.1 mögliche Strukturformeln des Monomeren herauszufinden

2.2.2 zwei mögliche Schemata zur Polymerisation aufzustellen, in denen die Verknüpfung der Kohlenstoffatome unterschiedlich erfolgt
2.2.3 die Entfärbung des Bromwassers durch Monomer *und* Polymerisat durch je ein Reaktionsschema wiederzugeben.

Bearbeitung der Arbeitsaufträge:
Berechnen der Verhältnisformel:

Einwaage Kunststoff	= 1,77 g		
Massenanteil Kohlenstoff	= 0,96 g	Atommasse C	= 12 u
Massenanteil Wassersstoff	= 0,10 g	Atommasse H	= 1 u
Massenanteil Chlor	= 0,71 g	Atommasse Cl	= 35,5 u

Da Summe der Massenanteile = Einwaage an Kunststoff, folgt: Kein Sauerstoff enthalten.
Atomzahlenverhältnis:

$$C : H : Cl$$
$$\frac{0{,}96}{12} : \frac{0{,}10}{1} : \frac{0{,}71}{35{,}5}$$
$$= 8 : 10 : 2$$
$$= 4 : 5 : 1$$

Verhältnisformel des Kunststoffs = $(C_4H_5Cl_1)_n$

Strukturformeln des Monomeren:

$H_2C{=}CH{-}CCl{=}CH_2$ (2-Chlor-1,3-butdien) oder $HClC{=}CH{-}CH{=}CH_2$ (1-Chlor-1,3-butdien)

Polymerisationsschemata:

$$n\,H_2C{=}CH{-}CCl{=}CH_2 \longrightarrow \left[CH_2{-}CH{=}CCl{-}CH_2\right]_n$$ 1,4-Polymerisation

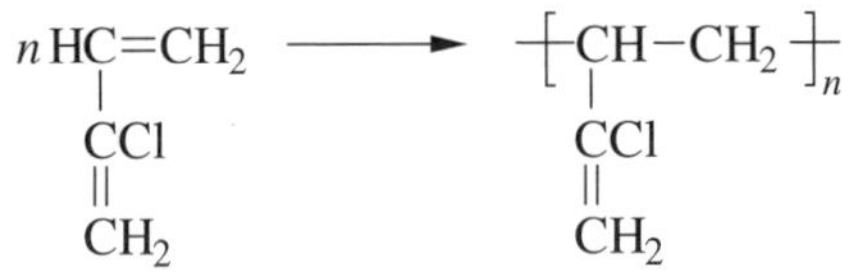
1,2-Polymerisation

Entfärbung des Bromwassers
– durch Monomeres:

$$H_2C{=}CH{-}CCl{=}CH_2 + 2\,Br_2 \longrightarrow H_2BrC{-}CHBr{-}CHBr{-}CH_2Br$$

– durch Polymerisat:

$$\left[CH_2{-}CH{=}CCl{-}CH_2\right]_n + n\,Br_2 \longrightarrow \left[CH_2{-}CHBr{-}CClBr{-}CH_2\right]_n$$

Da auch das Polymerisat Brom addiert, müssen im Monomer mindestens zwei C=C-Doppelbindungen enthalten sein.

6. Zusammenfassung

Zunächst werden einige Aspekte zur *Begründung des Unterrichtsinhalts „Kunststoffe"* genannt, z. B.: Vielseitige Verwendung im Alltag, einfache Chemie der synthetisch hergestellten Kunststoffe, gute Wiederholungsmöglichkeiten von bereits Erlerntem, verbindliche Vorgabe durch die Richtlinien.
Das *didaktische Konzept* dieses Unterrichtswerkes wird unter Abschnitt 2.1 vorgestellt: Ausgehend von einfachen Schülerexperimenten wird in das Kunststoffgebiet eingeführt. Das Erarbeiten eines umfassenden Überblicks über die Polymeren erfolgt unter fachlichem Aspekt.
Als Nächstes werden jene *Fachbegriffe* erläutert, die für den Schulunterricht relevant sind (Definition des Kunststoffbegriffs (DIN), Makromolekül, Thermoplast, Duroplast, Synthesearten von Kunststoffen, Geschichtliches, Einteilungsschema für Kunststoffe (Überblick)).
Der Einsatz von *Schülerexperimenten* wird diskutiert. Die Kriterien, denen ein Versuch zur Aufnahme in das Skript des Arbeitskreises *„Experimente zu Makromolekülen"* im KÖLNER MODELL genügen muss, werden vorgestellt. Es folgt die fachsystematisch gegliederte Übersicht zu den Anleitungen der hier beschriebenen Schülerexperimente. Jeder Versuch ist mit einer ausführlichen fachlichen Erklärung versehen. Eine andere, *weitere Art der Strukturierung* lässt sich durch eine Zusammenstellung mehrerer Versuche unter Berücksichtigung gemeinsamer Gesichtspunkte erreichen. Vorschläge verschiedenster Art hierzu werden in den Anleitungen ebenfalls gemacht und erläutert, beispielsweise Versuche zu den Reaktionsmechanismen der Polymerisation, über verschiedene Anwendungen von Polymeren in der Praxis bis zu Demonstrations- und Besucherexperimenten auf Schulfesten.
Als Anhang für die Sekundarstufe II und für Fortgeschrittene werden *Aufgabenstellungen zur schriftlichen Evaluation des Gelernten* für Tests und Klausuren (mit und ohne Schülerversuch) beschrieben. Die zugehörigen *Lösungen sind angegeben.*

7. Literaturverzeichnis

In Teil 4 dieses Unterrichtswerkes, dem Skript „Schülerexperimente zu Makromolekülen“, sind die zugehörigen Literaturhinweise unter jeder Versuchsanleitung angegeben. Sie werden daher hier nicht nochmals genannt.

Im einführenden Teil und bei den Aufgabenvorschlägen wurden folgende Quellen genutzt:

[1] *M. Müller*: Kunststoffe aus Makromolekülen. Skripte mit Versuchsanleitungen für den Chemieunterricht. CD-ROM herausgegeben von Bayer Industry Services. Aktuelle Fassung 2005; dazu *www.schule.bayer.de*

[2] *J. Falbe, M. Regitz*: Römpp-Lexikon Chemie, 10. Auflage. Stuttgart 1999, Band 5

[3] *P. W. Atkins*: Einführung in die Physikalische Chemie. Ein Lehrbuch für Naturwissenschaftler. Weinheim 1993

[4] *W. Fischer, W. Glöckner* (Hrsg.): Stoff und Formel. Ausgabe NRW. Bamberg 1988

[5] *H. Niermann*: Makromoleküle als Kunststoffe. Farbenfabriken Bayer AG, Leverkusen 1972, S. 64 – 65

[6] *D. Braun, H. Cherdron, H. Ritter*: Praktikum der Makromolekularen Stoffe. Weinheim 1999

[7] *G.-O. Müller*: Praktikum der quantitativen chemischen Analyse, 10. Auflage. Leipzig 1968

[8] *H. Beyer, W. Walter*: Lehrbuch der organischen Chemie, 24. Auflage. Stuttgart 2004

[9] *A. F. Holleman, E. Wiberg*: Lehrbuch der Anorganischen Chemie, 102. Auflage. Berlin 2007

[10] GUV-SR 2004; Stand Juli 2002

Chemische Grundversuche ohne Umweltbelastung – S II

Der „richtige“ Umgang mit Stoffen und eine Einsicht in ihren Eintrag in Ökosysteme sind im Hinblick auf unsere Umwelt ein unverzichtbares Lernziel. Vor diesem Hintergrund gewinnt die Konzeption eines Chemieunterrichts ohne Entsorgungsprobleme schnell an Bedeutung. Das hier vorliegende Werk stellt erstmals **eine Sammlung von Grundversuchen für den Sekundarbereich II** vor, bei denen **keinerlei Sonderabfälle** entstehen, die nicht selbst (in der Schule) sachgerecht zu entsorgen wären. Alle Versuche sind in eine ausführlich beschriebene, einfache Entsorgungskonzeption eingebunden, die in der Schule auch wirklich praktikabel ist. Trotzdem ist es gelungen, alle wichtigen Themenfelder, die üblicherweise in der gymnasialen Oberstufe behandelt werden, zu erfassen. Die Sammlung ist **unabhängig von einem bestimmten Lehrbuch** und lässt für die methodische und didaktische Gestaltung des Unterrichts den notwendigen Freiraum. Die einzelnen Versuchsbeschreibungen sind als **Kopiervorlage** gestaltet und sehr anwenderfreundlich aufgebaut: Eine Kopfleiste informiert mit Hilfe von Piktogrammen Schüler wie Lehrer rasch über die wichtigsten Punkte: Schülerversuch ja oder nein, Gefahrensymbole der verwendeten Chemikalien, Schutzmaßnahmen für die Durchführung, Hinweise auf sachgerechte Beseitigung der anfallenden Abfallstoffe. So wird Umwelterziehung im Chemieunterricht konkretisiert und auch praktizierbar gemacht!

Reinhard Demuth, Manfred Schenzer, Margot Janzen:
Chemische Grundversuche ohne Umweltbelastung – Sekundarstufe II
Best.-Nr. 3-02198-A03, 140 S., zahlr. Abb., Format DIN A4, Spiralbindung

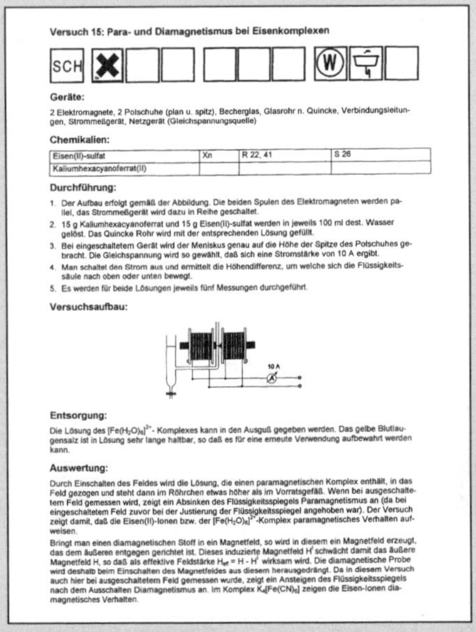

Versuch 15: Para- und Diamagnetismus bei Eisenkomplexen

SCH

Geräte:

2 Elektromagnete, 2 Polschuhe (plan u. spitz), Becherglas, Glasrohr n. Quincke, Verbindungsleitungen, Strommeßgerät, Netzgerät (Gleichspannungsquelle)

Chemikalien:

Eisen(II)-sulfat	Xn	R 22, 41	S 26
Kaliumhexacyanoferrat(II)			

Durchführung:

1. Der Aufbau erfolgt gemäß der Abbildung. Die beiden Spulen des Elektromagneten werden pallel, das Strommeßgerät wird dazu in Reihe geschaltet.
2. 15 g Kaliumhexacyanoferrat und 15 g Eisen(II)-sulfat werden in jeweils 100 ml dest. Wasser gelöst. Das Quincke Rohr wird mit der entsprechenden Lösung gefüllt.
3. Bei eingeschaltetem Gerät wird der Meniskus genau auf die Höhe der Spitze des Polschuhes gebracht. Die Gleichspannung wird so gewählt, daß sich eine Stromstärke von 10 A ergibt.
4. Man schaltet den Strom aus und ermittelt die Höhendifferenz, um welche sich die Flüssigkeitssäule nach oben oder unten bewegt.
5. Es werden für beide Lösungen jeweils fünf Messungen durchgeführt.

Versuchsaufbau:

10 A

Entsorgung:

Die Lösung des $[Fe(H_2O)_6]^{2+}$- Komplexes kann in den Ausguß gegeben werden. Das gelbe Blutlaugensalz ist in Lösung sehr lange haltbar, so daß es für eine erneute Verwendung aufbewahrt werden kann.

Auswertung:

Durch Einschalten des Feldes wird die Lösung, die einen paramagnetischen Komplex enthält, in das Feld gezogen und steht dann im Röhrchen etwas höher als im Vorratsgefäß. Wenn bei ausgeschaltetem Feld gemessen wird, zeigt ein Absinken des Flüssigkeitsspiegels Paramagnetismus an (da bei eingeschaltetem Feld zuvor bei der Justierung der Flüssigkeitsspiegel angehoben war). Der Versuch zeigt damit, daß die Eisen(II)-Ionen bzw. der $[Fe(H_2O)_6]^{2+}$-Komplex paramagnetisches Verhalten aufweisen.

Bringt man einen diamagnetischen Stoff in ein Magnetfeld, so wird in diesem ein Magnetfeld erzeugt, das dem äußeren entgegen gerichtet ist. Dieses induzierte Magnetfeld H' schwächt damit das äußere Magnetfeld H, so daß als effektive Feldstärke $H_{eff} = H - H'$ wirksam wird. Die diamagnetische Probe wird deshalb beim Einschalten des Magnetfeldes aus diesem herausgedrängt. Da in diesem Versuch auch hier bei ausgeschaltetem Feld gemessen wurde, zeigt ein Ansteigen des Flüssigkeitsspiegels nach dem Ausschalten Diamagnetismus an. Im Komplex $K_4[Fe(CN)_6]$ zeigen die Eisen-Ionen diamagnetisches Verhalten.

AVD 9615/B

Aulis Verlag, Antwerpener Straße 6–12, 50672 Köln
Tel. (02 21) 95 14 54-70, Fax (02 21) 95 14 54-60, www.aulis.de